Dans la PETITE COLLECTION ÉCOPO

Frédéric Boccara, Yves Dimicoli, Denis Durand,
Une autre Europe (2014)

Catherine Mills & Frédéric Rauch,
Main basse sur le modèle social français (2015)

La petite collection ÉcoPo n'est pas une collection d'ouvrages économiques grand public comme les autres. Fille d'*Économie et Politique*, revue marxiste d'économie du PCF, elle se veut porteuse d'une réflexion théorique et politique au service des luttes sociales. Par ses thématiques, son contenu et sa forme, elle se propose d'offrir aux lecteurs un outil d'analyse économique pédagogique, militant et opératoire. En bref, une collection utile à l'action immédiate et aux luttes d'avenir.

77, boulevard Chanzy
93100 - Montreuil
www.letempsdescerises.net

- Amar Bellal -

Environnement et énergie

Comprendre, pour débattre et agir

Sommaire

Préface **5**
Remerciements **7**
Introduction générale **9**

Première partie : 13 clés pour comprendre **15**
Comment lire les clés 16
Les unités utilisées 17

Clé n° 1 – Bilan énergétique de la France 18
Clé n° 2 – Bilan CO_2 par énergie 30
Clé n° 3 – CO_2 par habitant 38
Clé n° 4 – Énergie et développement 45
Clé n° 5 – Déchets et pollutions 54
Clé n° 6 – Santé et énergie 65
Clé n° 7 – Risque et sûreté face aux catastrophes 77
Clé n° 8 – Aspects économiques 95
Clé n° 9 – Scénario énergétique en France 113
Clé n° 10 – Efficacité énergétique : l'exemple du bâtiment 123
Clé n° 11 – Transferts d'usage : l'exemple de la mobilité électrique 132
Clé n° 12 – Situation mondiale 144
Clé n° 13 – Scénario mondial pour sauver le climat 153

Seconde partie : Écologie et énergie : débats et confusions **161**
Small is beautiful : « ce qui est petit est beau » 162
Les solutions « sortir de… », solution miracle à tous les problèmes 171
Le mythe de la « bulle autonome » 174

Conclusion : Agir pour sauver l'humanité **178**

Bibliographie **181**

Préface

L'énergie est un grand sujet scientifique, et un grand sujet économique. Amar Bellal connaît ces sujets, et il en tire exactement ce qu'il faut pour son propos, qui est de présenter l'énergie comme un grand sujet politique. Politique, au bon sens du terme, signifie examen et débats avant les décisions qui engagent le pays. Sur l'énergie, qui intéresse vitalement l'humanité entière et chacun d'entre nous, les passions et les préjugés sont spontanés et savamment entretenus par des intérêts puissants et dissimulés. Il s'agit d'en faire, pour tous les citoyens, un objet d'étude et de réflexion.

Amar Bellal, sereinement, apporte des informations, engage le débat, répond aux questions et dégage les perspectives. Sa connaissance du sujet s'articule avec l'expérience de débats menés dans différents cadres. Les questions auxquelles il répond sont les questions qui lui ont été réellement posées, et elles occupent une part importante dans le livre. Ainsi, la lecture du livre est vivante, on peut le lire d'une seule traite, en suivant seulement la trame, les clés et les arguments, mais il mérite aussi d'être relu et consulté.

Personnellement, j'y ai retrouvé, clairement exposées, des choses que je connaissais, et j'y ai découvert quantité de choses que j'ignorais, en particulier sur la comparaison et les interactions avec les pays voisins, en matière de production d'électricité comme de gaz à effet de serre, et sur l'importance des lobbies à l'œuvre dans la campagne contre les centrales nucléaires.

L'énergie nucléaire a sa place dans le livre, et elle est l'objet de beaucoup de questions.

Mais, dans une réflexion d'ensemble, il faut tenir compte des autres sources d'énergie et de leur usage, actuel et futur. L'énergie solaire, entre autres, est valorisée pour ce qu'elle est, et non pas réduite au photovoltaïque. Le climat, les déchets, les infrastructures, les modes de vie, la démographie, l'état des ressources naturelles obligent à considérer la production et l'utilisation de l'énergie sous différents angles, sans la réduire à l'électricité, vecteur mais non source d'énergie, et sans non plus sous-estimer son importance croissante dans l'avenir du monde.

Car le monde est présent partout dans le livre, même si c'est de la situation française qu'il s'agit de s'informer et de débattre d'abord. Bientôt, 10 milliards d'êtres humains, nous avons de quoi réfléchir, et ce livre nous y aide.

Jean-Pierre Kahane
membre de l'Académie des sciences
19 mars 2016

Remerciements

Je tiens à remercier Jaime Prat-Corona et Françoise Dufour pour leur relecture attentive et patiente, ainsi que Marie-Claire Cailletaud, Frédéric Coyère, Marion Fontaine, Marie-Christine Nadeau, Anne Rivière et Pierre Serra pour leurs précieux conseils.

Ce livre n'aurait pas vu le jour sans l'aventure de la revue *Progressistes*, lancée il y a trois ans, avec la participation déterminante de toute une équipe, en particulier de Jean-François Bolzinger, Jean-Pierre Kahane et Ivan Lavallée.

Mes remerciements vont aussi à l'ensemble de la commission économique du PCF, notamment Catherine Mills et Frédéric Rauch, pour leur encouragement et leur soutien durant ces dernières années. Ce travail est également le fruit de nombreuses discussions avec les membres de la commission écologie et énergie du PCF, et les nombreux syndicalistes, notamment à la CGT, qui se battent tous les jours pour la défense du service public et pour une réelle ambition industrielle en France.

Je me suis efforcé de rassembler dans ce livre tout ce que j'ai pu apprendre d'eux comme d'autres spécialistes, trop nombreux pour tous les citer ici.

J'espère que ces pages pourront servir au plus grand nombre et qu'elles aideront à la compréhension d'enjeux cruciaux pour notre avenir.

Amar Bellal

Introduction générale

Les orientations énergétiques ont des conséquences socio-économiques et environnementales immenses. Il convient donc, si on veut vraiment rendre effective l'entrée des citoyens dans le débat sur la transition énergétique, de bien comprendre les données de départ du problème et prendre le temps de lire et avoir quelques ordres de grandeur en tête.

Ce livre est destiné à tous ceux qui veulent faire cet effort. Il ne s'agit pas d'un « traité » sur l'énergie, ce n'est pas l'ambition de ce livre, mais modestement de donner des clés d'analyse. Insistons sur le mot « effort » : comprendre les enjeux énergétiques demande en effet un minimum de patience, la remise en cause de certaines idées reçues, et surtout beaucoup de modestie en acceptant d'apprendre des choses nouvelles de la part de personnes dont c'est le métier ou qui ont sérieusement travaillé dans ce domaine. Il faut y voir une source d'émancipation, c'est une forme de « voyage » nourri par la curiosité et l'échange.

L'équation énergétique à résoudre est en effet trop sérieuse pour qu'on puisse se laisser aller à une quelconque désinvolture dans ce domaine. Cette équation doit tenir compte des besoins actuels et à venir, qui conditionnent la vie de milliards d'êtres humains, de la nécessaire réduction des énergies carbonées émettrices de gaz à effet de serre, de l'épuisement des ressources en hydrocarbures prévu pour ce siècle, et de l'état actuel des techniques et de la recherche. Ce dernier point est très important, car sans cela on pourra toujours défendre, par exemple, la thèse que la géothermie peut remplacer le nucléaire, ou que le monde pourra se contenter demain de moins d'énergie, ou qu'on va faire face aux problèmes, parce qu'il y a les nouvelles énergies marines, en affirmant avec lyrisme que l'océan... c'est grand ! : sans ordres de grandeur, on peut dire tout et n'importe quoi et faire passer les scénarios que l'on veut tout en se payant de discours. Il n'est en effet pas sérieux de dessiner des scénarios énergétiques en pariant sur des ruptures technologiques futures ou en éludant des obstacles liés aux effets d'échelle. Dans le domaine énergétique, confondre 1, 10, 100 (et parfois 1 000, pour l'exemple cité de la géothermie) ne pardonne pas.

Aussi, rappelons ce principe : dans le monde réel, il n'y a pas d'un côté les politiques qui décident et de l'autre coté la science et la technique au garde-à-vous qui s'exécutent et cherchent. Les ingénieurs font ce qu'ils peuvent, ils trouvent parfois des solutions à des problèmes ardus, mais au risque d'être politiquement incorrects ; on ne peut pas non plus tout leur demander. En effet, ils doivent tenir compte de la réalité et de ce qu'ils ont sous la main, c'est-à-dire les techniques et les connaissances d'aujourd'hui. Inutile de les insulter ou de les qualifier d'incultes, de rustres, tournant le dos au rêve ou manquant de créativité parce que leurs conclusions ne correspondent pas à ce qu'on désire entendre... ou même d'être des vendus au capital parce qu'ils osent nous rappeler quelques réalités scientifiques et techniques. Ces scientifiques sont des citoyens comme les autres, qui demandent à être respectés et écoutés comme les autres. N'appelle-t-on pas de nos vœux l'entrée des salariés dans la démocratie afin qu'ils puissent prendre pleinement part aux grandes décisions politiques ? Il serait bon d'avoir cette pratique déjà dans les campagnes électorales et de réapprendre à écouter les salariés de l'énergie, par exemple, qui méritent tout notre respect pour leur défense courageuse et constante du service public depuis des années. Ce livre en prend le parti, car il est aussi le résultat de nombreuses discussions avec eux.

Les explications autour du nucléaire civil et des potentialités réelles des énergies renouvelables nouvelles (éolien et solaire) prennent une place importante dans ce livre. Ce n'est pas le résultat d'une « obsession » sur le nucléaire civil ni une volonté de minimiser les nouvelles énergies. Il se trouve que cela constitue plus de la moitié des interrogations lors des débats, ce livre en est logiquement le reflet pour pouvoir répondre à ces interrogations. Il faut dire que, d'expérience, un débat sur l'énergie se résume à une série de questions-réponses avec le public sur l'électricité, et sur le nucléaire en particulier, surtout depuis l'accident de Fukushima. Pourtant, nous le verrons au fil des pages, l'énergie ne se résume pas simplement à la production d'électricité, et la sûreté, les pollutions irréversibles sur des échelles de temps de plusieurs milliers d'années, ne se posent pas uniquement pour le nucléaire civil, loin s'en faut…

Répondre à toutes ces questions, sans tabous, en s'attaquant frontalement aux objections les plus sérieuses qui circulent sur le modèle énergétique français notamment, en partant du vécu et de ce qu'entendent les citoyens, est une façon efficace de progresser dans le débat. La difficulté de cet exercice demeurera que des objections ou questions, certes simples à exprimer, le plus souvent entendues dans les médias et répétées par les participants lors des réunions, nécessitent de longs développements pour y répondre, et en retour la patience nécessaire pour vraiment comprendre. Nous avons malgré tout tenté d'être le plus concis possible.

Notons que depuis quelques mois le débat est plus cadré et sur des bases beaucoup plus rationnelles, donc apaisé, car nous avons sous les yeux un pays qui s'est lancé dans un programme avec des objectifs très ambitieux au lendemain de la catastrophe de Fukushima et dont nous commençons à bénéficier d'un retour d'expérience grandeur nature : l'Allemagne. Il convient de prendre la mesure de la situation dans ce pays, en avance sur certains domaines certes, comme la rénovation énergétique des bâtiments, mais aussi très en retard sur d'autres, avec un aveu d'échec global du ministre de l'Énergie allemand en personne[1]. L'Allemagne, un des pays les plus riches et les plus avancés du monde, est bien en train de réussir sa sortie du nucléaire… grâce au charbon et au gaz. En effet, la production d'électricité d'origine solaire et éolienne reste marginale alors que ses émissions de CO_2 par habitant atteignent près du double de la moyenne française, et elles ne sont pas près de baisser. Si l'Allemagne ne réussit pas sa transition énergétique, ce n'est pas faute d'argent investi, ni faute de technologie, ni à cause d'un complot orchestré par des lobbies pour empêcher le déploiement des énergies renouvelables, mais bien parce qu'il existe un plafond technologique et économique qui l'en empêche.

Sur cette question, il convient de bien avoir conscience des rapports des forces et des enjeux. Pour l'énergie, comme pour la sécurité sociale et le système de retraites, ce sont des centaines de milliards d'euros qui sont en jeu, et les intérêts privés ne sont jamais très loin. Les grandes manœuvres que l'on observe ont très peu à voir avec l'écologie, et les lobbies les plus puissants ne sont pas toujours ceux que l'ont croit. En France, ce sont surtout les géants du gaz qui seront les gagnants d'une sortie du nucléaire. Qui sait que la sortie du nucléaire en Allemagne a été encouragée par le puissant lobby du charbon, dont ce pays possède la deuxième réserve d'Europe ? Qui sait que les initiateurs de cette politique, Gerhard Schröder et Joschka Fischer (ministre écologiste allemand), se sont reconvertis, pour le premier, chez Gazprom et, pour le second, dans la construction de gazoduc ? Qui a eu l'idée de comparer les chiffres d'affaires

1. Sigmar Gabriel, discours prononcé le 16 avril 2014 (http://www.1730live.de/sigmar-gabriel-nimmt-in-kassel-stellung-zur-energiewende/) : « *La vérité est que la transition énergétique* [*Energiewende*, le plan allemand visant à faire passer la part de la production "renouvelable" d'électricité à 80 % en 2050] *est sur le point d'échouer. La vérité est que, sous tous les aspects, nous avons sous-estimé la complexité de cette transition énergétique. La noble aspiration d'un approvisionnement énergétique décentralisé et autonome est bien sûr une pure folie ! Quoi qu'il en soit, la plupart des autres pays d'Europe pensent que nous sommes fous.* »

d'un géant du gaz comme Gazprom et celui d'Areva, certes géant du nucléaire, mais véritable nain comparé à ses homologues des hydrocarbures (100 milliards pour Gazprom, contre 10 milliards pour Areva…) ?

Cependant, d'autres modèles que l'exemple allemand existent, venant parfois même de notre propre pays. Car la France affiche des performances en émission de CO_2 parmi les meilleures du monde développé, de l'ordre de 5 t de CO_2 par habitant et par an, au lieu de 10 t en moyenne pour le reste de l'OCDE (suivant les années), tout en ayant une consommation d'énergie et un niveau de vie comparables. Notre pays montre une voie intéressante à suivre, et peut contribuer à résoudre cette difficile équation énergétique au niveau mondial. Il fait d'ailleurs écho à de nombreuses recommandations du GIEC (Groupe d'experts intergouvernemental sur le climat) pour limiter le réchauffement climatique. Nous vous proposons à travers les pages de ce livre de vous y plonger.

« Il est plus facile de briser un atome que de briser un préjugé. »

Albert Einstein (1879 - 1955)

Première partie

13 clés pour comprendre

Comment lire les clés

Chaque clé correspond à un thème, une « entrée », sur l'énergie. On y expose au début les informations de base, incontournables, souvent sous forme graphique, accompagnées d'explications et de données solidement établies et référencées par des sources incontestables (AIE, GIEC, ONU, INSEE...).

À la suite de cet exposé, pour chaque clé, nous avons recensé une série d'objections, de questions ou de remarques qu'on entend régulièrement dans les réunions publiques. Insistons sur le fait que c'est simplement le reflet des préoccupations des citoyens, et aussi de tout ce qui est dit et répété par les médias. Ainsi, on retrouve beaucoup de questions sur le nucléaire civil, la sûreté, les déchets, les pollutions, beaucoup d'idées et d'interpellations sur les énergies nouvelles renouvelables, leurs potentialités réelles et leurs limites. Des inquiétudes sur l'état du monde, la gravité des atteintes à l'environnement, avec des questions dépassant le seul domaine de l'énergie.

Nous nous sommes efforcés de placer ces questions dans les clés dont les thématiques s'en rapprochent le plus. Il y a quelques passages avec des démonstrations chiffrées. Le lecteur peut en faire l'économie si cela lui paraît trop ardu ou s'il est « fâché avec les chiffres » : ce sont juste des compléments destinés à ceux qui veulent entrer dans les ordres de grandeur, et eux-mêmes argumenter à leur tour dans des débats.

Il est préférable de lire ces clés dans l'ordre, mais elles ont été construites pour être lues de façon indépendante, selon les besoins spécifiques du lecteur.

Les unités utilisées

Unité légale de l'énergie : joule.

Unité légale de puissance : watt.

Une puissance de 1 watt correspond à une quantité d'énergie échangée par unité de temps équivalente à 1 joule par seconde.

Unités de puissance	Unité de production électrique
kilowatt : 1 kW = 1 000 W	kilowattheure : 1 kWh = 1 000 Wh
mégawatt : 1 MW = 1 000 kW	mégawattheure : 1 MWh = 1 000 kWh
gigawatt : 1 GW = 1 000 MW	gigawattheure : 1 GWh = 1 000 MWh
térawatt : 1 TW = 1 000 GW	térawattheure : 1 TWh = 1 000 GWh

1 térawattheure (TWh) correspond ainsi à 1 milliard de kilowattheures.

Correspondance entre la tonne équivalent pétrole (tep) et le mégawattheure (MWh) :

1 tep = 11,7 MWh
mégatep : 1 Mtep = 11 700 GWh
gigatep : 1 Gtep = 11 700 TWh

Clé n° 1

Bilan énergétique de la France

Ce qu'il faut retenir

Pour partir sur de bonnes bases, il convient d'examiner le bilan énergétique de la France et de savoir le décrypter.

En 2014, l'équivalent de 257 millions de « tep » (tonne équivalent pétrole, unité de mesure de l'énergie) sont produites chaque année sur notre territoire pour que nous puissions en consommer en réalité 164 millions (voir schémas ci-après).

Pourquoi cette différence entre énergie primaire et énergie réellement consommée ? Pourquoi faut-il produire beaucoup plus d'énergie au départ que celle qu'on consommera au final[2] ? Il ne s'agit pas

2. On lit dans le graphique, pour le gaz, énergie primaire consommée : 32,4 Mtep, et pour l'énergie finale consommée : 32,5 Mtep, soit une valeur supérieure, ce qui est contradictoire avec ce qui vient d'être énoncé. Ce n'est pas une erreur. Cela est dû à des calculs complexes, liés aux variations climatiques, par rapport à une année moyenne prise comme référence. Il peut arriver que cette correction ajoute une telle quantité d'énergie sur le poste consommation qu'au final le bilan fait apparaître une valeur légèrement supérieure à l'énergie primaire correspondante. Voir, pour la méthodologie de calcul, Commissariat général au développement durable – Service de l'observation et des statistiques, « Bilan énergétique de la France pour 2014 », annexe 4 (http://www.developpement-durable.gouv.fr/IMG/pdf/Bilan_energetique_de_la_France_pour_2014.pdf).

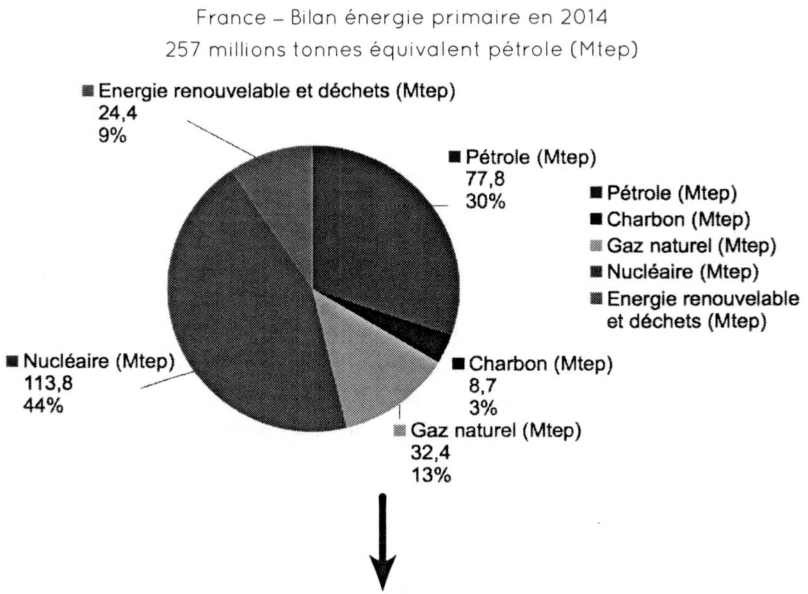

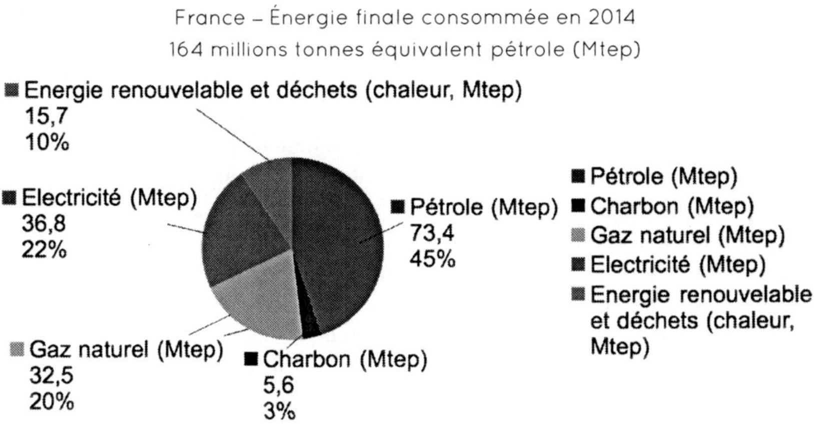

Tiré de *Bilan énergétique de la France pour 2014*, Commissariat général au développement durable, Service de l'observation et des statistiques, juillet 2015.

de gaspillage, mais simplement de rendements liés aux techniques utilisées : sauf pour l'hydraulique, où le rendement est de l'ordre de 80 %, les rendements de nos systèmes de production d'énergie dépassent difficilement 35 %.

On se rend compte que la France n'est pas « tout nucléaire », elle l'est plutôt à 40 %. Elle reste tributaire du pétrole, du gaz et du charbon à près de 50 %. Les pays qui ont moins de nucléaire que la France ont leur part en pétrole-gaz-charbon qui approche les 75 %, comme l'Allemagne. Le nucléaire en France a permis en réalité de réduire très fortement la dépendance en énergies fossiles (en faisant passer leur part de 75 % à moins de 50 %) et d'économiser ainsi chaque année des dizaines de milliards d'euros d'importation en charbon et gaz (combustible habituellement utilisé pour produire de l'électricité).

On est frappé par la part de l'électricité dans l'énergie : à peine plus de 20 %. Ainsi, près de 80 % de l'énergie consommée n'est pas électrique (carburant pour le transport, bois, gaz de chauffage...). On comprend dès lors qu'un débat sur l'énergie qui ne tourne qu'autour des systèmes de production d'électricité est complètement biaisé.

On peut s'interroger malgré tout sur l'importance dans notre imaginaire de l'énergie électrique. Elle rend des services très importants, c'est la « fée électricité », facilement disponible et non polluante (pensons aux lampes à pétrole des maisons dans le passé). Le rendement de l'électricité est incomparablement meilleur, aussi bien pour les moteurs que dans les procédés industriels ou pour la production de chaleur[3]. Le niveau de développement d'un pays est lié à sa part plus ou moins importante d'électricité dans l'énergie consommée. Rappelons toutefois que l'électricité n'est pas vraiment une source d'énergie en soi, le dire relève de l'abus de langage ; c'est en réalité un « vecteur », un moyen de transporter de l'énergie et de la consommer facilement : la chaleur issue de l'uranium, du

---

3. Avec des pompes à chaleur, par exemple.

charbon, ou du gaz est transformée en électricité, laquelle est distribuée dans chaque foyer.

Les énergies renouvelables, elles, sont à un niveau de 10 %. Mais entendons-nous bien : c'est essentiellement du bois de chauffage et des déchets brûlés. Dans l'électricité, le renouvelable est essentiellement constitué d'hydraulique, le solaire et l'éolien quant à eux ne représentent qu'une part faible de la production. C'est aussi un paradoxe : dans l'imaginaire collectif, le renouvelable est symbolisé par ces deux énergies, or elles arrivent très loin derrière l'hydraulique, le bois de chauffe et les déchets, y compris dans les pays développés. Quel journaliste osera illustrer un article sur les énergies vertes avec une photo d'un tas de bois et celle d'un barrage hydraulique ? On aura plutôt droit de façon systématique à des éoliennes et à un panneau photovoltaïque en guise d'illustration.

La réalité des énergies renouvelables en France : du bois et de l'hydraulique avant tout.

Part de chaque filière dans la production primaire d'énergies renouvelables en 2014 (22,4 Mtep)

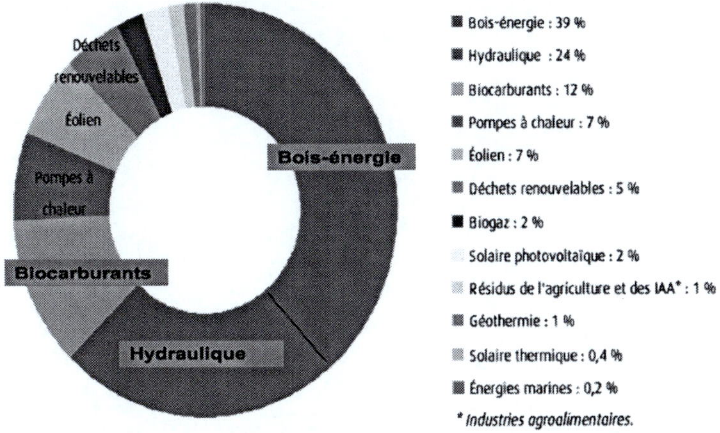

Tiré de *Bilan énergétique de la France pour 2014*, Commissariat général au développement durable, Service de l'observation et des statistiques, juillet 2015.

Le gaz est essentiellement utilisé pour le chauffage, mais de plus en plus d'électricité est produite avec cette ressource en France.

Le pétrole, est avant tout consommé par les transports : 30 % par les poids lourds, 50 % par les voitures individuelles.

Bien sûr, le bilan énergétique de la France est bien plus complexe, et ces chiffres varient un peu en fonction des années, car les aléas climatiques influent sur les consommations. Il faudrait, pour être plus complet, discriminer la part du gaz qui se retrouve « noyé » dans l'électricité et qui n'apparaît donc pas en tant que tel dans le bilan « consommation ». De même pour les énergies renouvelables, il faudrait préciser celles qui produisent de l'électricité et le reste. Pour un bilan plus complet qui permet de mieux comprendre toute la complexité d'un système énergétique (voir ci-contre).

Bilan énergétique de la France en 2013 ⟶

Tiré de *Chiffres clés de l'énergie*,
Commissariat général au développement durable,
Service de l'observation et des statistiques, édition 2014.

P : production nationale d'énergie primaire.
DS : déstockage.
I : solde importateur.
* y compris hydraulique, éolien et photovoltaïque.
** énergies renouvelables thermiques (bois, déchets de bois, solaire thermique, biocarburants, pompes à chaleur...).

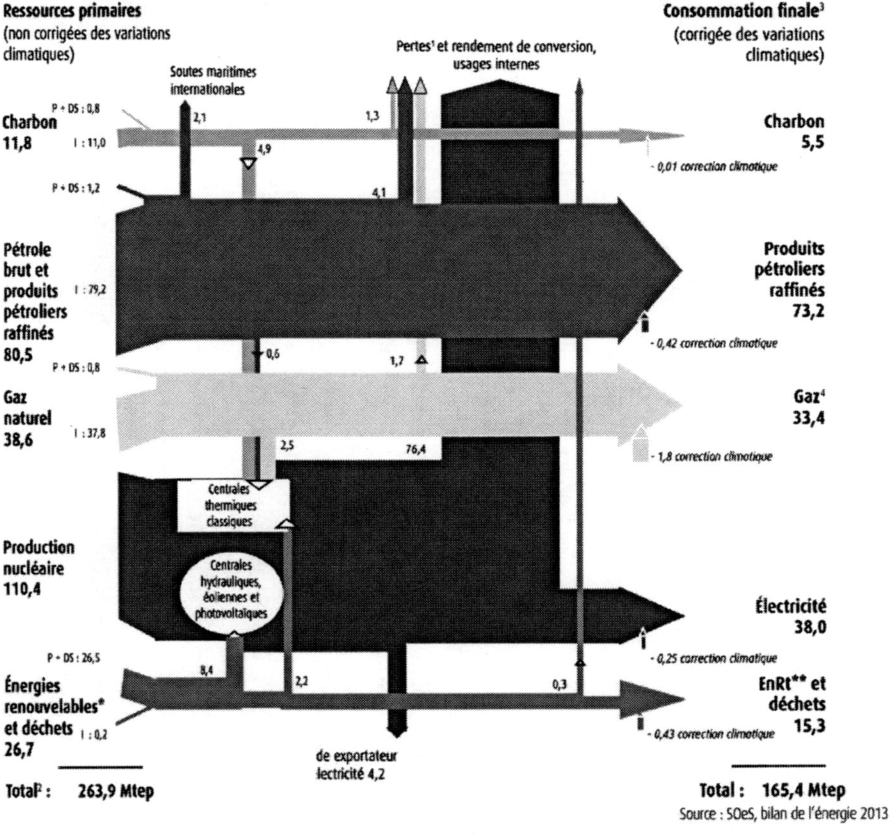

Source : SOeS, bilan de l'énergie 2013

Notes :

[1] L'importance des pertes dans le domaine de l'électricité tient à la convention internationale qui veut que l'électricité d'origine nucléaire soit comptabilisée pour la chaleur produite par la réaction, chaleur dont les deux tiers sont perdus lors de la conversion en énergie électrique.

[2] Pour obtenir le total de l'énergie disponible en France métropolitaine (cf. Annexe – Bilan de l'énergie), il faut déduire des « ressources primaires » le « solde exportateur d'électricité » et les « soutes maritimes internationales ».

[3] Consommation finale égale à la consommation finale énergétique et non énergétique (cf. Méthodologie - Définitions).

[4] Y compris des quantités très faibles de gaz industriels utilisés dans la sidérurgie.

Ce système est inefficace, car on perd beaucoup d'énergie.

Certes, il y a une déperdition d'énergie qui semble importante, mais il est très difficile de faire mieux pour des raisons liées à la thermodynamique[4]. La loi de Carnot sur les rendements est universelle et il est impossible de s'en affranchir à moins de changer les lois physiques de l'Univers, ce qu'aucun programme politique ne peut raisonnablement promettre. C'est vrai aussi des moteurs à explosion : à peine 20 % de l'énergie brûlée dans le moteur sert vraiment à faire avancer le véhicule.

Il est envisageable, en revanche, d'utiliser la chaleur perdue des tours de refroidissement des centrales pour alimenter un réseau de chaleur. Il est possible aujourd'hui de construire des conduites transportant de l'eau chaude, avec des pertes de chaleur acceptables, sur plus de 100 km pour chauffer des villes éloignées des centrales nucléaires, par exemple. Ce serait une sorte de cogénération, et dans ce cas les rendements des centrales seraient de fait supérieurs à 50 % en cumulant l'électricité produite et le service rendu par le chauffage. Des projets sont à l'étude.

Le nucléaire est inefficace, car son rendement est faible (35 %).

C'est vrai aussi pour toutes les centrales thermiques : gaz, charbon et fioul. Ce n'est donc pas propre au nucléaire. On pourrait ainsi faire exactement le même reproche à l'Allemagne, qui a le même rendement pour près de 60 % de sa production électrique issue du gaz et du charbon. Ensuite, il faut savoir juger le niveau de gaspillage, et nuancer son propos. Ainsi, comparons, en appliquant ce taux de pertes, le nucléaire et le fioul (mais on pourrait faire le même raisonnement en remplaçant le fioul par le charbon ou le

4. Sur ce sujet, lire François Perinet « Avoir des principes (en thermodynamique et au-delà) », revue *Progressistes*, n° 4, avril-mai-juin 2014 (http://revue-progressistes.org/2014/08/25/avoir-des-principes-en-thermodynamique-et-au-dela-francois-perinet/).

gaz) : pour une production donnée, l'on consomme 3 kg de combustible uranium pour ne récupérer que l'équivalent de 1 kg sous forme d'électricité ; dans une centrale thermique, il faut 30 000 kg de fioul pour 10 000 kg qui seront vraiment transformés en électricité.

Et pourtant – ceci est important – on produit avec 3 kg d'uranium la même quantité d'électricité qu'avec 30 000 kg de fuel, et ce du fait de l'extraordinaire concentration d'énergie de ce minerai, qu'il libère lors de la réaction de fission nucléaire… Mais le gaspillage n'est pas du même ordre : pour le même service rendu, il y a une grande différence (économique et écologique) entre le fait de perdre 2 kg d'uranium ou de perdre 20 000 kg de fioul.

Le nucléaire n'a pas réussi à nous débarrasser du pétrole.

Oui, car le secteur du transport reste un vrai problème : il est toujours très dépendant du pétrole et aucune autre source n'arrive à le remplacer de façon satisfaisante. Néanmoins, la motorisation électrique pour les véhicules individuels est amorcée, et elle est très prometteuse. À suivre donc… Cela dit, il est indéniable que le nucléaire a fortement réduit notre dépendance au gaz et au charbon.

Le nucléaire ne représente que 15 % de la consommation finale d'énergie.

Oui, cela s'explique par le fait que l'électricité ne représente que 20 % de la consommation et qu'elle est produite à 75 % par le nucléaire, d'où 0,75 × 0,2 (ou 75 % × 20 %) = 0,15, soit 15 %. Malgré ces chiffres, l'électricité est une énergie indispensable, ces 20 % sont cruciaux et difficiles à produire car il faut dépenser beaucoup d'énergie (primaire) en début de chaîne pour avoir à disposition ce type d'énergie dans nos foyers. C'est en cela qu'on qualifie aussi l'électricité d'énergie « noble ».

On peut aussi appliquer le même raisonnement avec l'hydraulique (15 % de l'électricité produite) : 0,15 × 0,2 (ou 15 % × 20 %) = 0,03, soit 3 % ! On peut alors fanfaronner, affirmer que l'hydraulique en France représente 3 % seulement de la consommation énergétique et en arriver à la conclusion (absurde) que l'hydraulique est encore plus inutile que le nucléaire et qu'on peut aussi s'en débarrasser… Autre façon de voir : en Allemagne on pourrait dire aussi que le charbon ne représente que 10 % de l'énergie consommée, donc l'Allemagne peut se passer de charbon, ou encore que l'éolien dans ce pays ne représente que 2 % de la consommation.

Ce type de raisonnement devient absurde car c'est finalement l'électricité qu'il faudrait arrêter de produire, sa faible part dans la consommation, environ 20 % dans les pays riches, est la vraie responsable de ces chiffres. Mais sommes-nous vraiment prêts à nous passer d'électricité ?

Et l'hydrogène ? Vous ne nous parlez jamais de cette ressource d'avenir.

L'hydrogène n'est pas une ressource énergétique mais juste un moyen de transporter de l'énergie, comme l'électricité. Il n'y a pas de gisement d'hydrogène comme il existe des gisements de méthane. En effet, l'hydrogène doit être produit dans des usines par des procédés nécessitant eux-mêmes de l'énergie, souvent électrique (pour décomposer les molécules d'eau). C'est ce qui a pu faire dire à certains que l'hydrogène est la solution miracle au problème du stockage de l'électricité, et donc aux limites du déploiement des énergies renouvelables[5]. En réalité, la technologie de l'hydrogène est connue depuis des décennies, mais n'a jamais réussi à se généraliser du fait de problèmes techniques liés aux rendements, aux matériaux précieux nécessaires aux piles à combustible (platine) et aux difficultés de stockage.

Oui mais l'océan, c'est grand ! Et avec les énergies marines on aurait de quoi s'approvisionner en énergie massivement, changer radicalement le mix énergétique que vous nous décrivez.

Examinons le cas des hydroliennes qui seront bientôt installées au large de la Bretagne[6] : ce sont des roues colossales, de près de 20 m

---

5. Notamment avec Jeremy Rifkin, *L'Économie hydrogène*, 2002.

6. Installation de deux hydroliennes, prévues pour 2016, au large de Ploubazlanec (Côtes-d'Armor, Bretagne).

de diamètre, qui seront ancrées dans la mer par environ 50 m fond. Chaque appareil a une puissance de 1 MW. C'est un vrai progrès et une prouesse technologique, une première mondiale qu'il faut encourager. Mais il ne faut pas non plus s'en réjouir trop vite et en tirer des conclusions hâtives : ce sont des prototypes, et il faut bien compter avec des dizaines de milliers de ces appareils pour avoir une production significative dans le mix, ce qui est complètement rédhibitoire compte tenu de la quantité de matériaux à mettre en œuvre, de l'impact sur les écosystèmes et aussi du nombre plutôt restreint de sites qui se prêtent à l'installation et l'exploitation de ces engins. Le problème n'est pas tant la possibilité de produire de l'énergie avec du vent, des courants marins, de la géothermie ou tout autre procédé, mais la démesure des appareils servant à transformer ces énergies en électricité. Ces appareils doivent malgré tout continuer à être installés, pour garder une expertise sur ces techniques et progresser, mais on ne peut pas fonder une politique énergétique sérieuse engageant tout un pays en comptant uniquement sur de tels dispositifs.

On est obligé d'importer de l'électricité d'Allemagne, preuve que le modèle français énergétique est inefficace.

Le bilan électrique global, en tenant compte de tous les pays frontaliers de la France, reste, et de loin, positif avec une exportation nette de 65,1 TWh[7]. Mais il est vrai que le bilan avec l'Allemagne aboutit à une importation nette de 5 TWh, et ce pour de multiples raisons. Cette singularité est due au fait, entre autres, que le pic de consommation ne se fait pas au même moment de la journée dans les deux pays. Ce qui fait qu'il est intéressant pour la France d'importer du courant électrique à certaines heures, au moment où l'Allemagne n'en a pas forcément besoin. D'autre part – phénomène nouveau avec l'explosion des énergies renouvelables en Allemagne –, à certains moments ponctuels de l'année, quand il y a du vent ou du soleil, elle produit un trop-plein d'électricité, qui

7. 1 térawattheure (TWh) correspond à 1 milliard de kilowattheures.

s'ajoute à la production des centrales à charbon. Surplus qu'elle est forcée d'exporter aux pays voisins à prix bradé, voire négatif : l'Allemagne paie pour qu'on consomme son énergie, car cela lui coûte moins cher que de mettre à l'arrêt ses centrales à charbon en attendant que le vent s'arrête, et sous peine de mettre en péril son réseau (rappel : l'électricité est difficilement stockable, d'où ce gros problème). Rappelons que la loi en Allemagne, comme en France, prévoit une obligation d'achat de l'électricité renouvelable : cette électricité-là est donc prioritaire sur le réseau, d'où le problème de celle produite par le charbon, qui est en « trop » et dont il faut se débarrasser. Ce modèle n'est pas généralisable : si tous les pays suivent le modèle de développement allemand et cherchent en même temps à se débarrasser de l'électricité en surplus auprès de leurs voisins, ce sera l'effondrement du réseau dans toute l'Europe, avec des conséquences sociales et économiques très graves. C'est ce qui fait dire que l'Allemagne fait payer sa transition énergétique en reportant les conséquences sur ses voisins, et que cela ne tient que parce que les voisins acceptent le délestage de cette électricité en surplus[8]. Il faudrait aussi parler des lignes haute tension (HT) aux frontières, qu'il faut renforcer pour mettre en place de véritables autoroutes de délestage. Cela aussi est perçu comme un coût indirect imposé aux pays voisins pour permettre des choix énergétiques que l'Allemagne a décidés seule pourtant. Autre réalité : le prix actuellement très bas du charbon fait que les centrales à charbon allemandes sont favorisées dans un marché complètement libéralisé de l'électricité. C'est pour cela aussi que l'électricité allemande a le vent (ou plutôt le charbon) en poupe auprès de ses voisins, qui n'hésitent pas à l'acheter. C'est donc la conjonction de ces trois raisons (pic décalé, délestage du renouvelable en trop et prix de marché) qui favorise aujourd'hui le charbon, et donc l'électricité allemande.

8. Centre d'analyse stratégique, « La transition énergétique allemande est-elle soutenable ? » (http://archives.strategie.gouv.fr/cas/system/files/2012-09-11_-_transition_eunergeutique_allemande-na281.pdf).

Bilan des échanges contractuels en 2014 en TWh

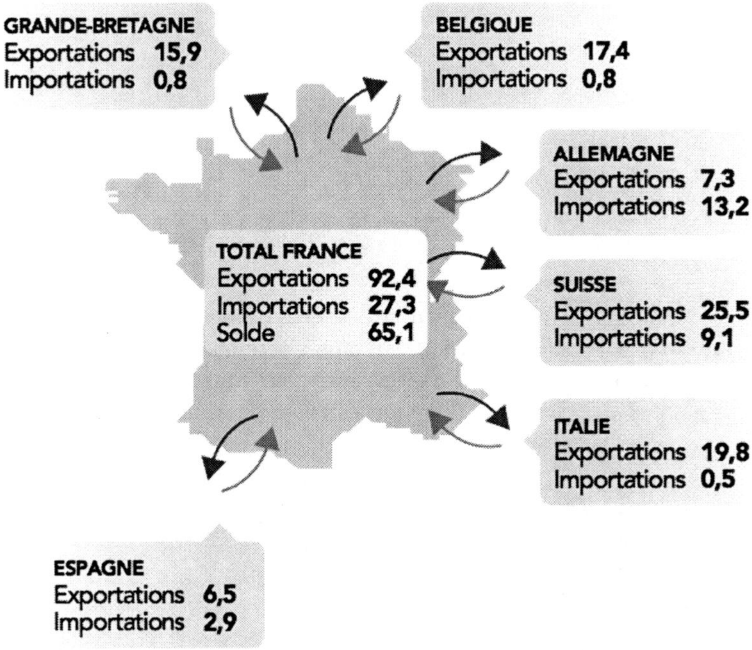

Source : RTE 2014.

Clé n° 2

Bilan CO_2 par énergie

Ce qu'il faut retenir

Nous allons traiter de la quantité de CO_2 émis pour chaque énergie dans la production d'électricité. Ce point permettra de comprendre les différences de performance par pays en émission de CO_2 par habitant (clé n° 3) en fonction du choix du type de mix électrique.

Électricité et émissions de CO_2

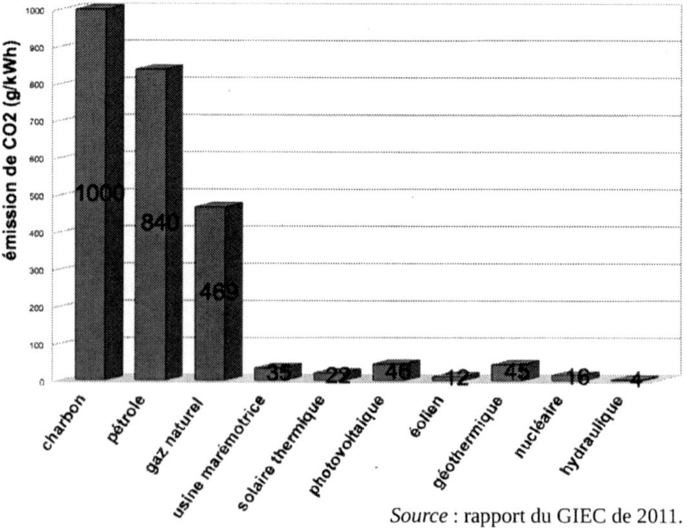

Source : rapport du GIEC de 2011.

Les chiffres indiqués sont issus du rapport du GIEC de 2011[9], document qui a recensé toutes les études mondiales sur le sujet et en a compilé ces résultats. Ces études sont reconnues au plus haut niveau et font autorité sur le plan international. Bien sûr, tout est inclus dans cette quantité : il y a à la fois la part liée au fonctionnement (le combustible brûlé), mais aussi la part liée à la construction, au démantèlement et au traitement des déchets. Les performances indiquées intègrent donc tout le cycle de vie de la centrale. Concrètement : on comptabilise d'un côté ce qu'a coûté la centrale en émission de CO_2 durant toute sa vie et on divise par la quantité d'électricité totale qu'elle aura été capable de produire durant cette même période.

Par exemple, pour produire 1 kWh d'électricité avec du charbon, il faut compter environ 100 g de CO_2 émis au titre de la construction de la centrale (le béton, l'acier…), et surtout 900 g au titre de l'exploitation, essentiellement la quantité de charbon faisant partie des millions de tonnes de charbon qu'il aura fallu brûler pour produire de l'électricité dans cette centrale. On constate ainsi que c'est l'électricité produite par le charbon qui est la plus émettrice de CO_2. Vient ensuite le pétrole, qui ne sert que marginalement à la production d'électricité, essentiellement pour les pics de consommation. Le gaz se place en troisième position, avec une meilleure performance pour le cycle combiné, technologie qui permet d'améliorer le rendement des centrales (en réutilisant plusieurs fois la chaleur produite).

Solaire thermique, usine marémotrice et photovoltaïque ont des performances d'un ordre de grandeur à peu près identique. Le soleil et les marées sont des énergies renouvelables qui ne produisent évidemment pas de CO_2 ; par contre, il faut construire les appareils capables de capter cette énergie, et il faut compter avec l'électricité

9. GIEC « Special repport of the IPCC – Renewable energy sources and climate change mitigation summary for policymakers and technical summary, 2011 ». Voir dans ce document le graphique page 124 et tableau détaillé page 190, ainsi que la liste des études sur lesquelles le GIEC s'appuie.

alimentant les usines qui les fabriqueront. Ce ne sont donc pas des énergies « gratuites », ni 100 % propres comme on l'entend souvent. Si les panneaux photovoltaïques sont fabriqués dans des usines en Chine, alimentées par une électricité à 80 % produite par des centrales à charbon, le bilan sera encore plus médiocre que s'ils étaient produits en France, dans des usines bénéficiant d'une des électricités les plus décarbonées du monde.

La production d'électricité par des éoliennes génère également du CO_2 ; cela est dû au béton et à l'acier des fondations, mais aussi à la construction du matériel, de la nacelle et des pales. On a pris précédemment l'exemple de la Chine, mais on retrouve le même problème pour des éoliennes fabriquées en Allemagne (avec une électricité produite à 57 % au charbon et au gaz) ou au Danemark. À notre échelle d'humains, nous ne voyons que quelques éoliennes en bord d'autoroutes et trouvons ça plutôt « sympathique » à un point tel que certains parcs d'éoliennes sont devenus des attractions touristiques. Mais c'est oublier qu'il faut 4 500 éoliennes[10] d'environ 100 m de haut pour produire l'équivalent d'un seul réacteur. C'est trompeur : on est très loin d'une énergie petite et légère. Ainsi rapportées à la production d'électricité, ces énergies nouvelles consomment en réalité plus de matériaux (environ 4 fois plus) et occupent bien plus d'espace que les quelques hectares d'une centrale classique.

Viennent ensuite les trois énergies à très faible émission de CO_2 : la géothermie haute température – utilisée de façon marginale car il faut des forages en profondeur et la technologie n'est pas encore maîtrisée –, l'hydraulique et le nucléaire. Ce sont ces deux dernières énergies, nucléaire et hydraulique, qui sont les seules à avoir une part significative dans la production d'électricité et qui ne génèrent presque pas de CO_2. On le verra, tous les pays qui ont misé sur ces deux énergies ont de bonnes performances en termes de CO_2 (clé n° 3).

---

10. D'une puissance de 1 MW.

Le nucléaire émet du CO_2, on ne compte pas, par exemple, les mines d'uranium dans le bilan CO_2.

C'est un problème récurrent qu'on rencontre : la contestation de données pourtant les plus solidement établies dans la communauté scientifique au niveau mondial, contestation qui détourne du vrai débat. En effet, un des avantages importants du nucléaire civil est sa faible émission de CO_2, ce qui gêne beaucoup ceux qui à la fois veulent défendre le climat et faire cesser l'utilisation du nucléaire civil. Qu'on soit contre le nucléaire civil pour des problèmes liées à la sûreté des installations peut être compréhensible, et il faut en débattre sereinement (voir plus loin clé nº 7 « Sûreté »), mais soutenir que le nucléaire émet beaucoup plus de CO_2 que l'éolien ou le photovoltaïque n'est pas tenable et constitue clairement une contre-vérité scientifique.

Les grandes organisations internationales classent le nucléaire parmi les énergies à faible carbone, en incluant bien l'impact des mines d'uranium dans leurs calculs : l'AIE par exemple, mais également le GIEC, qui rassemble parmi les meilleurs scientifiques du monde entier. Remarquons qu'une figure très respectée, Jean Jouzel, admet clairement que le nucléaire civil, comme les énergies renouvelables, émet peu de CO_2. Partant de cela, il est donc difficile d'invoquer l'autorité du GIEC et d'une personnalité comme Jean Jouzel quand cela nous arrange, pour les questions climatiques par exemple, et de rejeter leurs conclusions sur le nucléaire et le rôle qu'il peut jouer pour la lutte contre le réchauffement climatique quand cela apparaît gênant pour ceux qui sont hostiles au nucléaire civil.

Le radiateur électrique est très polluant, car il oblige à démarrer des centrales au fioul et au charbon.

C'est curieusement un thème qui revient souvent dans les débats : le fameux radiateur électrique, responsable à lui seul de la faillite d'un système énergétique. À un tel point que, dans le cadre de la campagne pour une élection présidentielle, un programme en envisageait même la suppression ! Pour résumer la situation, il n'est pas rare d'entendre des phrases du genre : « *Le développement du chauffage électrique fait qu'on est obligé d'importer de l'électricité d'Allemagne lors des pics de consommation en hiver et qu'on oblige EDF à démarrer des centrales au fioul très polluantes pour faire face à la demande.* »

Il est vrai que ce pic de consommation oblige à produire de l'électricité avec des moyens polluants plusieurs jours par an. Il faut dire que c'est aussi le résultat d'un déficit d'investissement en capacités nouvelles de production doublé d'un recours massif aux convecteurs électriques à effet Joule, dont les Français usent plus que la moyenne des Européens. Mais c'est l'arbre qui cache la forêt, en l'occurrence celle des millions de chaudières à gaz qui, elles, fonctionnent tous les jours (y compris en été pour chauffer l'eau) et dont on ne parle jamais. Faut-il alors arrêter également toutes les chaudières au gaz ? Ce serait bien sûr absurde, d'autant plus que le gaz a un rendement assez intéressant pour une utilisation en chauffage direct. Le chauffage par radiateur électrique reste dans tous les cas bien moins émetteur en CO_2 qu'une chaudière à gaz sur l'année. Étonnante priorisation dans la dénonciation des moyens de chauffage lorsqu'on voit que, pour l'Allemagne, c'est à plus de 60 % que l'électricité est produite avec des moyens polluants ! Et pas seulement pour répondre à un pic de consommation, mais bien tous les jours de l'année !

Reconnaissons cependant que le chauffage électrique direct par effet Joule n'est pas le plus efficace en rendement. La pompe à chaleur, fonctionnant à l'électricité avec un rendement 3 à 4 fois supérieur est un des moyens d'avenir pour passer du chauffage au gaz ou au fioul à l'électrique. Ce type de chauffage permet aussi de profiter pleinement des potentialités de la géothermie basse température, d'où le classement des pompes à chaleur dans le domaine des énergies renouvelables.

On peut produire localement de l'électricité, de façon décentralisée, un peu comme pour l'eau, où on peut faire des régies

locales. On pourrait ainsi se passer des lourdeurs d'EDF : chacun ayant de petites unités de production dans nos communes, notre électricité serait alors plus écologique, produite au plus près des besoins et maîtrisée de façon citoyenne.

Pour l'eau, oui, cela a un sens d'avoir des régies qui gèrent localement la production et la distribution ; on est dans des logiques de bassins-versants bien délimités géographiquement. En effet, il n'existe pas de réseau national de distribution de l'eau ; et pour cause, ce serait physiquement absurde (mais cela n'annule pas la pertinence d'un service public national de l'eau, qui reste à construire, garantissant les contrôles, la formation de techniciens, une péréquation tarifaire sur tout le territoire, etc.).

Pour l'électricité, les réseaux étant interconnectés, la notion de production/consommation locale a beaucoup moins de pertinence, pour ne pas dire qu'elle est complètement absurde, car les électrons produits sont instantanément partagés dans tout le réseau, et consommés par tous les usagers de France. Et c'est heureux, car autrement, du fait de l'intermittence de ces petites unités (souvent une des caractéristiques de ce type d'énergie dite « locale »), les habitants du secteur seraient privés de courant électrique la majeure partie de l'année, car le vent ne souffle que 25 % du temps, le soleil disparaît la nuit et le biogaz, combustible pour des petites centrales électriques et produit localement, ne suffit généralement pas pour satisfaire les besoins. Et s'il n'y a pas interruption du service actuellement, c'est justement parce qu'il y a tous les moyens du service public d'EDF, de la grosse centrale à la petite hydraulique. EDF, si souvent décriée par ceux qui se gargarisent d'être autonomes en énergie, assure pourtant la continuité par rapport à cette production « locale » dont on ne perçoit même pas l'intermittence.

De plus, pour des raisons de mutualisations des moyens et d'investissement, il est plus intéressant et revient moins cher pour la collectivité d'avoir de grosses unités bien localisées – centralisées, pour utiliser un « gros mot » – qui produisent de l'électricité pour des millions d'habitants, et qui sont gérées par un service public à dimension nationale, plutôt que des milliers de petites unités de production dispersées sur tout le territoire, avec des centaines d'opérateurs différents et autant de statuts économiques, sans cohérence d'ensemble[11]. Cette dispersion est aussi une solution beaucoup plus consommatrice de matières premières et qui surdimensionne les réseaux électriques et renchérit d'autant l'énergie (voir clé n° 8).

J'ai résilié mon abonnement à EDF et j'ai adhéré à une coopérative qui me garantit une électricité 100 % verte.

Prétendre consommer exclusivement de l'électricité « verte », et le mettre en avant comme un comportement « éthique», est très contestable. En effet, toutes les unités de production de France injectent dans le réseau à chaque instant une quantité d'électricité disons, pour aller vite, égale à la consommation. L'essentiel de la production reste assuré par les gros moyens classiques (en France le nucléaire ; en Allemagne les centrales au charbon, au gaz et un peu de nucléaire). Les variations rapides de consommation sont équilibrées par des moyens de production dits de « pointes » : hydraulique ou centrales à gaz à démarrage rapide.

Chaque système a ainsi un rôle dans le mix électrique pour pouvoir satisfaire à chaque instant la demande globale. Vouloir s'approprier une partie de ce mix, s'arroger le meilleur en quelque sorte et dire « cette partie-là de la production, c'est pour moi, c'est ce que je veux consommer, pour me fournir en électricité propre » dénote une méconnaissance du fonctionnement d'un système électrique. En effet, aucun grand pays n'a réussi à dépasser 30 % d'électricité d'origine renouvelable dans son mix électrique, et il y a des raisons sérieuses à cela, les 70 % restants, qui sont produits par des moyens conventionnels, sont physiquement inévitables, pour des questions de stabilité du réseau. Acheter sur le marché de l'électricité, d'origine hydraulique par exemple (à des opérateurs possédant

---

11. Sur ce sujet, lire Valérie Goncalves, « Projet de loi gouvernemental – France : quelle transition énergétique ? », revue *Progressistes*, n° 5, juillet-août-septembre 2014 (http://revue-pro;gressistes.org/2014/11/21/projet-de-loi-gouvernemental-france-quelle-transition-energetique-valerie-goncalves/).

des barrages), et la vendre à des usagers sous couvert de discours écologique, alors que cette électricité sert avant tout à réguler tout le système, voilà qui est pervers. Cela contribue à stigmatiser le service public, qui est accusé de ne pas développer suffisamment les énergies renouvelables, en omettant dans la démarche les problèmes physiques qui se posent. Sous couvert d'écologie, on encourage la marchandisation de l'électricité et le morcellement de la mission de service public, et on en prépare ainsi la privatisation. De plus, on fait croire que l'électricité est une marchandise comme les autres, qu'on peut l'acheter en sélectionnant ses électrons bien spécifiques, les « bons » électrons, produits par de bonnes sources, pas ceux qu'utilisent les voisins de la maison d'à côté, moins soucieux des problèmes écologiques et qui, eux, achètent de « mauvais » électrons, sales et polluants… bien que ces voisins s'alimentent sur le même réseau électrique, et que tous ces électrons participent en réalité à la cohérence d'ensemble du réseau et à son équilibre !

Clé n° 3

CO_2 par habitant

Ce qu'il faut retenir

Les émissions de CO_2 par habitant sont une donnée essentielle. Elles permettent vraiment de mesurer l'efficacité d'un système à niveau de vie comparable. Ce sont des données qui gênent beaucoup du fait qu'elles vont à l'encontre des idées reçues et déconstruisent certains mythes, notamment ceux de pays « modèles » en écologie comme l'Allemagne, les Pays-Bas ou le Danemark.

Ci-après, les émissions de CO_2 par habitant tiré du rapport annuel de 2015 de l'Agence internationale de l'énergie[12].

12. *CO_2 Emissions from Fuel Combustion Higlights*, IEA, 2015 (https://www.iea.org/publications/freepublications/publication/co2-emissions-from-fuel-combustion-highlights-2015.html).

Émissions de CO_2 par habitant (année 2013)

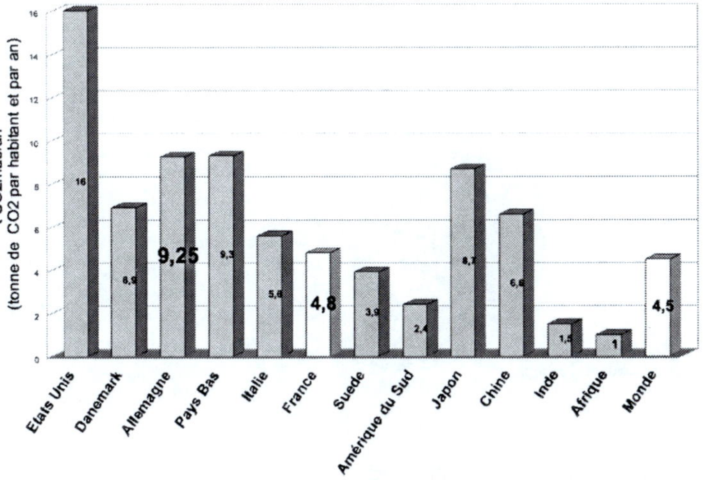

Source : AIE (Agence Internationale de l'Énergie), 2015.

Lecture : Un habitant des États-Unis émet 16 t de CO_2 par an. C'est presque 2 fois plus qu'un Allemand (9,25 t), qui lui-même en émet presque deux fois plus qu'un Français (4,8 t). Pourtant, les Allemands et les Français ont sensiblement le même niveau de vie. Comment expliquer un tel écart ? C'est une question importante, car on voit bien que ce chiffre dément complètement le mythe de l'Allemand très écolo, à l'inverse du Français conservateur et très peu porté sur le respect de l'environnement. Les faits sont têtus.

La raison essentielle de l'écart entre l'Allemagne et la France réside dans la composition du mix électrique : en France, 85 % de l'électricité est produite à partir d'énergies décarbonées (nucléaire et hydraulique) ; en Allemagne, c'est l'inverse : 60 % de l'électricité est produite au charbon et au gaz. D'où l'écart. On trouve des chiffres sensiblement équivalents à ceux de l'Allemagne pour les Pays-Bas et le Danemark (encore deux mythes qui s'effondrent !), pour les mêmes raisons.

Sources de production électrique (en TWh)

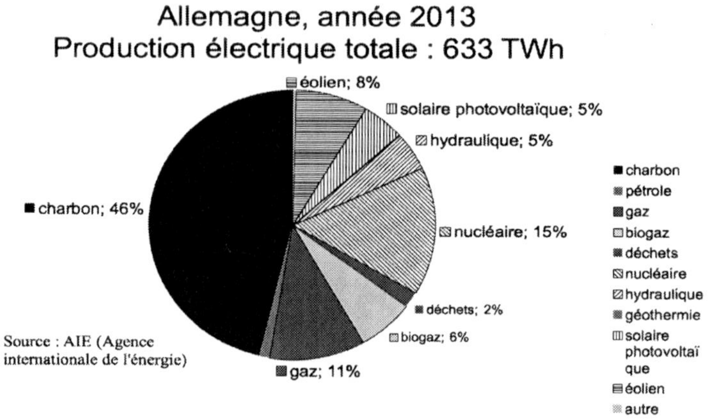

La comparaison Allemagne/France est intéressante car elle montre qu'à consommation d'énergie et niveau de vie équivalents on peut avoir des performances en CO_2 très différentes. Il n'y a donc pas automaticité entre consommation d'énergie et émission de CO_2 : ce point est crucial pour contrer des discours confondant les deux et ne voyant de solutions que dans la seule baisse de la consommation énergétique. On peut donc consommer un niveau encore acceptable d'énergie pour ne pas compromettre notre développement tout en ayant de faibles émissions de CO_2. La France montre une voie intéressante pour y parvenir.

À noter la bonne performance de la Suède : vaste pays bénéficiant d'un réseau hydraulique exceptionnel par rapport à sa faible population, et pays ayant fait aussi le choix du nucléaire.

Si nous sortons d'Europe et prenons le continent Africain dans son ensemble, nous tombons à 1 t de CO_2 par habitant. Non que l'Afrique soit un continent ayant fortement développé les énergies propres, car ce volume est plutôt l'indicateur d'un sous-développement qui reste catastrophique pour ses habitants et qui constitue un des grand défis de l'humanité : ce continent comptera en 2050 près de 2 milliards d'êtres humains. Cet exemple montre qu'il y a un lien évident entre dépense énergétique et développement (voir clé nº 4)... et qu'il y a une façon drastique et simpliste de réduire les émissions de CO_2 sans recourir à des solutions technologiques : le retour au sous-développement, et les taux de mortalités qui vont avec.

La Chine est en plein développement, avec de très fortes inégalités : 300 millions d'habitants sur la côte avec un standard de vie proche de celui des Européens, et le reste de la population encore très pauvre. Elle est aussi l'usine du monde, et ses émissions de CO_2 sont donc liées à nos importations.

Faire avancer le débat

Il est vrai que l'Allemagne émet beaucoup de CO_2, mais elle est engagée dans une transition énergétique qui va grandement améliorer son bilan. Il suffit d'attendre les résultats.

Bien que l'Allemagne ait massivement développé l'électricité renouvelable d'origine éolienne et solaire, la part de ces énergies atteint difficilement, selon les années, 15 % de sa production totale d'électricité. Pourquoi cette faible part alors qu'on entend toujours parler du « renouvelable allemand » ? Parce qu'il y a un obstacle technique redoutable : l'intermittence de ces énergies et l'absence de moyens de stockage de l'électricité pour y remédier lorsqu'il n'y a pas de vent, c'est-à-dire 75 % de l'année sur les meilleurs sites. Ainsi, il est difficile de dépasser 15 à 20 % du mix électrique d'un grand pays[13] avec ces énergies, sous peine d'une perte de contrôle du réseau et de la panne généralisée.

13. Le Danemark parvient à afficher des bilans supérieurs à 20 % certaines années, mais il faut considérer sa petite taille, celle d'une région française, qui lui permet assez facilement de s'approvisionner chez ses voisins (essentiellement l'Allemagne) et de compter sur eux en l'absence de vent.

Songeons qu'en Allemagne ces énergies représentent, *en puissance installée*, l'équivalent du parc électronucléaire Français, ce qui est gigantesque ! On a mis des éoliennes et des panneaux solaires partout en Allemagne ! Et c'est un point qui est répété dans tous les débats afin de démontrer le « retard » français dans ce domaine. Mais on oublie de dire que *la production* n'est évidement pas la même car seule une faible part de la puissance est mobilisée sur l'année. Arrêtons-nous sur ces deux termes, *puissance* et *production*. Pour avoir la quantité d'électricité produite, il faut multiplier la puissance par le nombre d'heures de fonctionnement. Ainsi, un réacteur nucléaire de 1 400 MW fonctionnera 7 000 heures sur les 8 760 heures que compte une année, et il produira donc 1 400 × 7 000 heures = 9,8 TWh. Un parc éolien de même puissance – il faut compter 1 400 éoliennes de 1 MW tout de même – et qui fonctionne 2 000 heures durant l'année (ce qui suppose que le site est particulièrement venteux et que le vent souffle 2 000 heures par an) produira 1400 × 2 000 = 2,8 TWh. Ainsi, à puissance égale, le nucléaire aura produit 3 à 4 fois plus que l'éolien. C'est ce qui explique que, malgré la démesure de la puissance installée allemande de ce type d'énergie, la contribution reste marginale, à peine 15 % de l'électricité produite dans le pays.

Tout le reste de l'électricité allemande, 85 % donc, est produite par un peu d'hydraulique, par les dernières centrales nucléaires encore en fonctionnement, le gaz et, surtout, beaucoup de charbon (46 %). La transition énergétique à l'allemande se traduit par l'abandon du nucléaire certes, mais compensé au fur et à mesure par un peu de renouvelable, et surtout par beaucoup de charbon et de gaz, englobés sous la pudique appellation de « technologies de transition ». On va clairement vers un scénario d'augmentation des émissions de CO_2 pour ce pays, qui atteint déjà un niveau élevé (dernier chiffre : 9,3 t/hab./an, contre 4,8 t pour un Français). La situation va en s'aggravant avec les récentes ouvertures de mines de charbon à ciel ouvert et les nouvelles centrales en construction. Les Allemands commencent aussi à se rendre compte du mirage que constitue leur transition énergétique. En fait ils démontrent qu'il est effectivement possible de « sortir du nucléaire »… en recourant au charbon et au gaz.

évolution des émissions de CO2 par habitant (tonne de CO2/hab/an)

source AIE (Agence internationale de l'énergie)

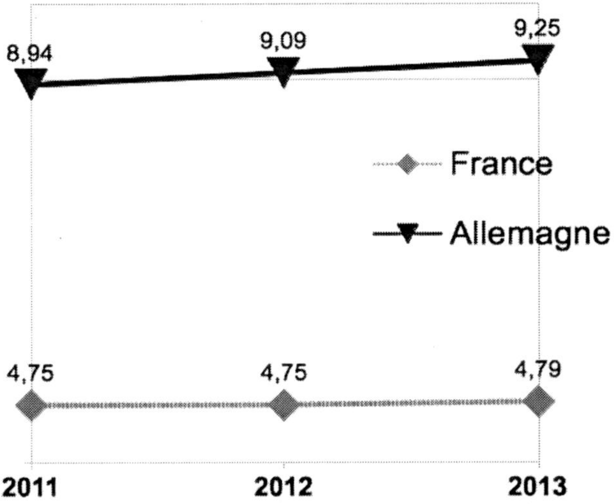

Les Allemands consomment moins d'électricité que les Français, qui sont gaspilleurs et dépendants du nucléaire.

Pour tordre le cou aux statistiques précédemment citées sur les émissions de CO_2, un procédé courant est de dévier l'attention sur d'autres indicateurs, comme la consommation de pétrole dans les transports, la consommation d'électricité ou toute autre donnée spécifique où l'on peut toujours trouver des performances légèrement meilleures à mettre sur le compte de l'Allemagne, ce qui permet surtout d'escamoter le paramètre essentiel : les émissions de CO_2 par habitant. Ainsi, certains expliquent que les Français consomment plus d'électricité que les Allemands, et que c'est la preuve qu'en France notre système serait absurde et à abandonner :

cette critique sonne plutôt comme une explication des bonnes performances françaises et plaide, au contraire de ce que visent ses tenants, pour la consommation d'une électricité décarbonée et les transferts d'usages. Les traditionnels argumentaires qui fourmillent de détails pour faire oublier les émissions de CO_2 par habitant sont bien la preuve que cet élément gêne beaucoup. Cette donnée essentielle est savamment dissimulée, voire niée dans la plupart des débats sur l'écologie, et pour cause : elle est la conséquence directe de la part importante d'électricité nucléaire en France.

Clé n° 4

Énergie et développement

Ce qu'il faut retenir

Lien entre énergie, développement et espérance de vie

L'énergie est partout présente dans nos sociétés. De façon visible et évidente quand il s'agit de se chauffer ou de se déplacer, sous forme figée dans tous les objets que nous consommons et qui ont nécessité de l'énergie pour leur production : table, stylo, ordinateur, eau potable, béton et acier des murs, ponts et routes, usines fabriquant les voitures, trains, avions, tracteurs…, dans le secteur de la chimie, essentiel aussi, et dans la nourriture avec les engrais nécessaires au maintien d'une agriculture suffisamment productive pour qu'une bonne partie de la société se consacre à d'autres activités que l'agriculture. Tout ce qui nous entoure a eu besoin d'énergie pour être produit. Autre aspect que nous ne soupçonnons même pas tellement cela va de soi, c'est que tous ces objets ont contribué à améliorer notre vie, ce qui se traduit au final par plusieurs indicateurs dont un très synthétique : l'espérance de vie.

Au début du XIXe siècle, en France, celle-ci était d'à peine plus de 30 ans, en 1900 elle atteignait 45 ans et 67 ans en 1950, pour parvenir aujourd'hui à 80 ans. Il se trouve que, actuellement, dans le monde les différences de développement sont telles qu'on peut y retrouver des niveaux d'espérance de vie propres aux différentes époques historiques qu'a connues notre pays. On peut, toutes choses étant égales par ailleurs, remonter dans le temps : en Afrique sub-saharienne, l'espérance de vie est celle de la France au milieu du XIXe siècle ; en Inde, celle de 1950, et en Chine celle de 1970. Certains habitants ont une consommation d'énergie proche de celle des hommes de l'Antiquité (environ 0,5 tep/hab./an), cela n'est pas sans conséquences :

Espérance de vie en fonction
de la consommation d'énergie par habitant

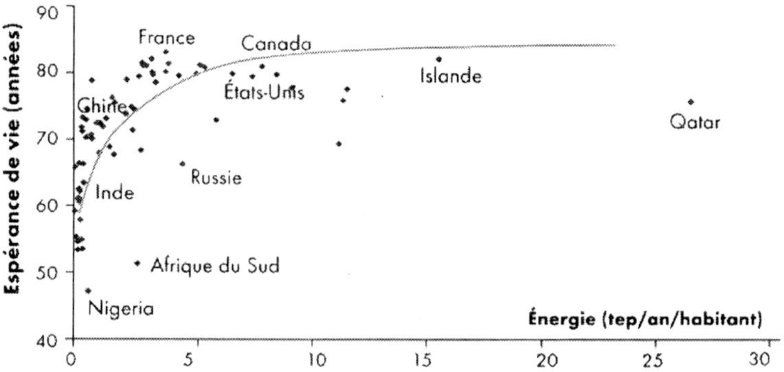

Tiré de *Atlas des énergies mondiales* de B. Barré et B. Mérenne-Schoumaker, éditions Autrement, 2011.

Source : « Rapport mondial sur le développement humain », 2009.

La limite des 2 tep/hab./an[14]

On constate que dans les pays dont la consommation se trouve sous la barre des 2 tep/hab./an l'espérance de vie plonge dangereusement. Ce qui contredit le slogan « *l'énergie la moins chère, c'est celle que nous ne consommons pas !* ». Dans certains pays, l'énergie qui n'est pas consommée coûte très cher en vies humaines.

14. Tep : « tonne équivalent pétrole », une unité d'énergie couramment utilisée. Bien que le mot *pétrole* apparaisse et soit mis en avant, ce sont bien toutes les énergies qui sont mesurées à travers cette unité : le pétrole des transports bien sûr, mais aussi le gaz pour se chauffer, le charbon des procédés industriels, le renouvelable, l'uranium du nucléaire, et donc aussi l'électricité produite avec ces matières premières. (Attention, l'énergie ne se limite pas à l'électricité consommée…)

Insistons, notre mode de vie en France « va de soi » et on ne se rend plus compte de tout ce que l'on doit à l'énergie. L'eau potable, par exemple, est un luxe pour certains, tout simplement parce qu'il faut de l'énergie pour construire les usines afin de pomper l'eau, la purifier, l'injecter sous pression dans des canalisations, et aussi compter avec les usines pour fabriquer les conduites et équipements afférents.

Dans le secteur de la santé le problème le plus crucial en Afrique sub-saharienne est le maintien de la chaîne du froid. En effet, pour transporter des médicaments, il faut pouvoir les maintenir à une faible température, ce qui est impossible en absence d'énergie ! Ainsi certain pays disposent-ils de personnel médical mais se retrouvent démunis faute d'énergie. Accoucher sans l'assistance de matériel électrique pour faire face à d'éventuelles complications est très risqué ; l'absence de ce matériel explique l'importance des taux de mortalité néonatale et périnatale dans ces pays.

À l'inverse, dans les pays où la consommation d'énergie se situe au-delà de 4 tep/hab./an, il n'y a pas d'amélioration significative de l'espérance de vie. Un Américain du Nord dépense deux fois plus d'énergie qu'un Européen, et pourtant il ne vit pas deux fois plus longtemps. On est bien là devant une consommation excessive, qui pourrait être diminuée en améliorant le système. On notera aussi quelques cas spécifiques : l'Islande avec sa profusion de sources géothermales, ce qui fait que l'énergie pour elle n'est pas un problème, ainsi que le Qatar, qui dispose des plus grands gisements de gaz de la planète.

Enfin, n'oublions pas qu'il ne s'agit que de moyennes, car, même dans des pays aussi riches que la France, on compte près de 5 millions de foyers, soit 12 millions de personnes, en situation de précarité énergétique[15].

---

15. Lorsque le foyer consacre plus de 10 % de son budget aux dépenses liées à l'énergie. *Source :* Observatoire national de la précarité énergétique (ONPE).

Une simple opération de multiplication pour comprendre

Il y a donc clairement un gaspillage de la part des pays très riches, ce qui nécessite de repenser l'organisation des sociétés par des investissements dans l'efficacité énergétique, les transports en commun, le recyclage, l'urbanisme. Cela est vrai… Mais, cela ne compensera pas les immenses besoins mondiaux. Un petit calcul pour convaincre. Les citoyens des États-Unis sont à 8 tep/hab./an, les Européens à 4 tep/hab./an, les Africains aux alentours de 0,5 tep/hab./an. Pour pouvoir vivre décemment, il faut pouvoir bénéficier d'au moins 2 tep/hab./an. Alors, admettons que nous réussissions l'exploit de convaincre les États-Unis d'appliquer une politique drastique et radicale et de passer d'ici à 2050 de 8 tep/hab./an à 2, et les Européens de 4 tep/hab./an à 2, pour ainsi permettre au reste du monde de passer de l'actuelle valeur qui oscille entre 0,5 et 1 tep/hab./an à une valeur de 2, ce qui serait déjà un énorme progrès pour des milliards d'êtres humains. Que se passe-t-il dans ce scénario si on fait passer tout le monde à 2 tep/hab./an d'ici à 2050 ? Réponse : en 2050, comme nous serons 9,5 milliards, le volume d'énergie à produire sera de 9,5 milliards multiplié par 2 tep, soit 19 milliards de tep à produire par an. Quelle est la production mondiale actuelle ? 5 milliards ? 10 ? 20 ? Réponse : 13 milliards de tep en 2012. Cela veut dire que même si on force les pays riches à engager des scénarios drastiques d'économie d'énergie avec un bouleversement des modes de vie, la simple entrée légitime dans le développement de milliards d'êtres humains et l'accroissement démographique font qu'on devra malgré tout passer d'une production actuelle de 13 milliards de tep à 19 milliards de tep ! On peut donc, pour le cas de l'énergie, oublier l'idée de décroissance, à moins d'intérioriser l'idée qu'une bonne partie de l'humanité devra vivre dans la misère la plus complète.

Ajoutons à cela qu'il faut non seulement produire plus d'énergie, mais qu'il faut la produire autrement, avec moins de rejets polluants et moins d'émission de CO_2.

Au Kerala, on est bien à moins de 1 tep/hab./an, et pourtant c'est une des provinces où on vit le mieux en Inde. Et à Cuba aussi…

Il est vrai que, face à ces chiffres, des tenants de la décroissance comme Paul Ariès nous répondent qu'une région comme la province du Kerala, en Inde, est un contre-exemple flagrant, avec une consommation annuelle par habitant de 1 tep (soit bien en dessous de la barre des 2 tep/hab./an citée plus haut), et présentant pourtant une espérance de vie encore acceptable (73 ans), en tout cas supérieure à la moyenne indienne (62 ans). Même chose pour Cuba, qui consomme moins de 1 tep/hab./an, et qui présente de très bons indicateurs de santé et d'éducation par rapport au reste de l'Amérique latine. Cela prouverait, selon eux, qu'on peut très bien vivre avec peu d'énergie. En effet, avec cette limite de 1 tep/hab./an, on sauverait presque le « soldat décroissance » : dans ce cas, pas besoin de produire plus d'énergie dans le monde, et on peut même se permettre une légère décroissance (10 milliards de tep par an à produire tout de même, au lieu des 13 actuels il est vrai). Cependant, on pourrait objecter que les dirigeants cubains eux-mêmes reconnaissent l'état de pénurie terrible dans lequel est plongé leur pays, et les Cubains aspirent justement à consommer plus d'énergie, notamment pour augmenter leur niveau de vie (d'où aussi l'importance de leur alliance avec le Venezuela). Pour le Kerala, il est inutile de commenter l'état de dénuement des habitants de cette province indienne : il reste encore une part non négligeable de la population qui n'a pas accès à l'eau potable, ni à l'électricité[16].

16. Cependant il est vrai que cette région, gouvernée depuis des décennies par des communistes, affiche en moyenne de meilleurs indicateurs de qualité de vie (santé, éducation…) que le reste de l'Inde, et ce grâce aux politiques progressistes mises en place.

La sobriété n'est qu'une question de volonté : on peut très bien vivre avec peu d'énergie, il y a des pionniers qui montrent la voie et adoptent un mode de vie sobre et joyeux.

On touche un point sensible : comment peut-on caractériser ce qui dans une vie peut être considéré comme « superflu » et ce qui est « nécessaire » ? C'est très subjectif ; chacun aura son appréciation personnelle et pourra argumenter que certains modes de vie sont à privilégier et sont tout à fait défendables. À l'image de ces vies que connaissent des milliards d'être humains, faites de débrouilles, de bricolages divers et système D. Des vies loin de la folie industrielle occidentale donc, avec une agriculture basique, une vie faite d'absence de voyages, d'absence d'Internet, d'absence de moyens de communication modernes, avec un recours à la médecine douce, sans chimie, avec pour seule richesse la beauté des ciels étoilés et la jouissance de la nature, le plaisir quotidien d'aller chercher l'eau dans un puits, un autre rapport au temps, etc. Si vraiment ces arguments étaient sérieux, loin de tout exotisme, si ces modes de vie étaient vraiment défendables et crédibles, pourquoi ne pas demander aux promoteurs de la décroissance, souvent européens, d'aller vivre ne serait-ce qu'un an au Kerala (voir la question précédente) avec le salaire moyen de là-bas, et ainsi tester ces théories[17] ? Le *hic*, c'est que ces idées sont défendues par des personnes qui ne s'appliquent pas ce mode de vie, même dans une version « soft », et ne l'appliqueront sans doute jamais à eux-mêmes, et encore moins à leurs enfants. Mêmes les militants les plus aguerris et sincères qui vont jusqu'à fuir les villes pour s'installer en Ardèche et expérimenter un autre mode de vie, en ouvrant une ferme par exemple, à

---

17. Remarquons qu'un adulte européen de 40 ans, par exemple, avec un haut niveau d'éducation, en très bonne santé car soigné dans un pays riche depuis sa naissance, part déjà avec un avantage certain qui lui permet de supporter largement une telle expérience et la rendre acceptable. Ainsi, même une telle expérience ne rendrait pas encore vraiment compte des conditions réelles de vie des populations sur place, qui manquent de presque tout. Il faudrait accepter de naître là bas, dans une famille avec des revenus moyens… de là-bas.

l'image de Pierre Rhabi, sont très loin d'un schéma réel de décroissance : sans le savoir, malgré tous leurs efforts, ils continuent de profiter de toute l'infrastructure d'un pays hautement technologique qui les maintient en vie : accès à l'eau potable, à l'énergie, à la santé, consultation hospitalière au moindre problème sérieux, etc. Pour certains, leur âge avancé est un démenti éclatant de leurs thèses, car ils le doivent (sauf cas exceptionnel, même dans les sociétés moins avancées technologiquement on trouve des personnes âgées) au progrès de la médecine, et donc de tout ce qui va avec : chimie, énergie, biotechnologie, électronique, etc.

Les Africains peuvent se contenter de peu et ils n'ont pas besoin d'autant d'énergie que nous. Après tout, ils ont une philosophie de vie sobre, loin du gaspillage du consumérisme occidental, et ils ont beaucoup de soleil : ils peuvent faire autrement avec le renouvelable…

Rappelons que l'Afrique n'est pas un continent avec quelques villages dispersés dans la savane. On y trouve de grandes mégapoles de plusieurs millions d'habitants (Dakar, Lagos, Kinshasa, Le Caire…) avec des problématiques d'approvisionnement qui sont les mêmes que celles des métropoles occidentales, à la différence près que les villes africaines disposent de moyens dérisoires. Les parcs et jardins sont pratiquement inexistants dans ces villes, notamment parce que les habitants complètement démunis coupent les arbres pour se procurer de l'énergie. En effet, dans ces villes il n'y a pratiquement pas d'accès à des énergies modernes, ni gaz, et ne parlons même pas de l'électricité ; le seul moyen de faire cuire de la nourriture est de brûler un petit tas de bois, pratique à laquelle s'adonnent des millions d'habitants : cela donne des villes extrêmement polluées et noyées dans un nuage de fumée (imaginez les 8 millions de Franciliens allumant le matin un petit feu chez eux pour prendre le café, et cela 365 jours par an…). Pour ce genre de ville, il faudrait, comme pour les métropoles européennes, des sources d'énergie de masse à disposition et qui soient non polluantes. Les Africains vivent bien les mêmes problématiques et ont les mêmes besoins que les Européens, sauf qu'ils tentent d'y répondre avec des moyens du début du XXe siècle, voire du XIXe siècle. À noter que, selon l'OMS, l'inhalation des particules fines des fumées de bois coûte la vie à près de 2 millions de personnes chaque année à travers le monde. C'est un vrai problème sanitaire.

L'Afrique c'est aussi un continent avec des pays très peuplés et avec une croissance de la consommation énergétique qui devient un véritable casse-tête : pensons qu'une des raisons des révolutions arabes et de l'exaspération sociale ce sont justement les coupures de courant et les prix prohibitifs de l'énergie. L'Égypte, 80 millions d'habitants, voit sa population grossir de près de 2 millions d'habitants chaque année ! C'est l'équivalent de la population parisienne en population supplémentaire, une population qu'il faut nourrir, loger, fournir en énergie, dans un pays qui est déjà pauvre. Même situation pour le Nigeria, la République démocratique du Congo, le Maghreb… Dans ce contexte, suggérer que le solaire et l'éolien, hors de prix et avec des problèmes techniques qu'aucun pays n'a encore surmontés, sont la solution principale, relève soit de la démagogie, soit de l'irresponsabilité ou du cynisme. Ce que l'Allemagne, l'un des pays les plus riches du monde et le plus industrialisé, n'est pas parvenue à résoudre, à savoir s'approvisionner *massivement* en énergie renouvelable, serait atteignable pour des pays comme le Nigeria, la République démocratique du Congo ou l'Égypte ?

L'Afrique, ce sont aussi des dizaines de millions de femmes et jeunes filles qui passent de longues heures chaque jour à la corvée d'approvisionnement de bois, autant de temps qui n'est pas consacré à l'éducation ni à une élévation des qualifications. Un continent dont une des activités essentielles est de se procurer un peu d'énergie pour survivre voit son développement compromis. C'est cette réalité qui se cache derrière la part de 50 % de renouvelable dans le bilan énergétique de l'Afrique : il s'agit essentiellement de bois de cuisson ou d'excréments d'animaux qu'on brûle.

Ce que montrent ces réalités, c'est que l'absence d'énergie moderne tue beaucoup plus que les risques liés à la modernité de nos installations énergétiques dans les pays riches.

Oui mais l'installation de quelques panneaux solaires, ou d'une petite turbine hydraulique dans une rivière, cela change la vie de villages entiers dans les pays pauvres

Il est vrai qu'il suffit de produire un peu d'électricité pour faire fonctionner un téléviseur (collectif) et d'avoir un peu d'éclairage pour bouleverser la vie d'un village : fenêtre sur le monde avec la télévision, prolongation du jour grâce à l'éclairage, etc. C'est en cela que les énergies renouvelables peuvent vraiment être utiles dans le cas d'habitat très dispersé, pour des villages isolés, en permettant de vraiment « décentraliser », puisqu'ici on est dans le cas de l'autoconsommation (on consomme l'électricité que l'on produit, on ne la revend pas sur un réseau, d'ailleurs inexistant). C'est intéressant pour répondre à une situation d'urgence en attendant que le pays se développe, construise les réseaux nécessaires et se dote de véritables moyens de production stables pour répondre aux besoins réels (qui ne se limitent pas à alimenter un téléviseur et quelques ampoules). Ou alors, en attendant de se donner les moyens pour aller vers l'autoconsommation, mais avec une production suffisante et en prévoyant des moyens de stockage de l'électricité d'importance (ce qui n'a pas du tout le même coût que la petite turbine dans une rivière de l'exemple précédent).

Cependant, dans les pays pauvres, l'habitat ne se réduit pas à quelques villages dispersés dans un désert ou une forêt ; en Asie et en Afrique, il y a de véritables mégapoles, des concentrations humaines de plusieurs millions d'habitants. En effet, même dans ces continents, l'urbanisation est déjà bien avancée, et la concentration d'habitants est telle que nous retombons dans des problèmes d'échelle et d'ordre de grandeur qui excluent les énergies citées plus haut comme source principale d'approvisionnement pérenne.

Clé n° 5

Déchets et pollutions

Ce qu'il faut retenir

Nous venons de parler des rejets de CO_2, très médiatisés, mais nous avons tendance à oublier la pollution « classique » qui, elle, affecte directement la santé. Il est important d'en parler pour avoir des éléments de comparaisons entre les énergies.

Tout d'abord, il y a les rejets d'oxyde d'azote, de souffre, d'ammoniaque, de composés organiques volatils (COV), qui ont essentiellement lieu lors des processus de combustion. Tous ces éléments se retrouvent dans l'atmosphère et participent à l'acidification des lacs et des mers. De gros progrès ont été effectués pour limiter ces rejets après les conséquences catastrophiques des pluies acides qu'a connues l'Europe. Mais s'il est possible de réduire la pollution de 90 %, voire 95 %, il restera toujours les 10 % à 5 % résiduels, qu'il sera difficile d'éliminer malgré les techniques les plus pointues. La Chine et l'Inde, gros utilisateurs du charbon, connaissent actuellement les mêmes problèmes de pluies acides que l'Europe durant les années 1970-1980. Il est impératif de vite moderniser leurs centrales à charbon pour limiter cette pollution massive.

Au total, en 2011 il a été rejeté près de 3 millions de tonnes de ces produits dans l'atmosphère en France[18].

18. CITEPA, Centre interprofessionnel d'études de la pollution atmosphérique (http://www.citepa.org/fr/air-et-climat).

Du côté des métaux lourds

En France, les rejets de mercure (4,7 t /an), d'arsenic (6,5 t/an), de plomb (128 t/an), de cadmium (2,5 t/an)[19] se retrouvent dans la biosphère, contaminent la chaîne alimentaire et sont extrêmement nocifs (maladies du cerveau, cancers, maladies cardio-vasculaires…). Ces quantités sont déjà très préoccupantes, mais bien plus faibles qu'en Allemagne, où l'électricité est produite à plus de 50 % avec des centrales à charbon. Ce sont des rejets annuels et qui s'accumulent donc au fil du temps dans les lacs, les sols et les océans. Notons aussi le phénomène de bioaccumulation qui fait que ces métaux lourds se retrouvent en concentrations très fortes au fur et à mesure qu'on remonte la chaîne alimentaire. Les concentrations sont multipliées à chaque passage : de l'algue polluée avalée par des petits poissons et dont les polluants vont s'accumuler dans leurs tissus vivants, eux-mêmes servant de nourriture à de plus gros poissons pour aboutir en fin de chaîne alimentaire aux très gros poissons ou aux mammifères tels que les phoques, dont les tissus sont complètement empoisonnés par les métaux lourds, avec des taux mille fois supérieurs à la concentration dans l'eau de mer dans laquelle ils évoluent ! C'est ce phénomène qui explique le conseil qu'on donne souvent aux consommateurs : ne mangez pas de *gros* poissons préférez les *petits* pour votre santé…

Une question essentielle, qu'on ne pose jamais : Quelle est la durée de vie d'un volume de poison de 1 m^3 de mercure, par exemple ? des centaines d'années ? des milliers d'années ? des millions d'années ?

Réponse : la durée de vie de ce poison est *infinie* !

Ce constat, que l'on peut faire pour tous les autres métaux lourds, a des conséquences importantes dans la perception que nous avons du problème des déchets. Il faudrait, pour éviter leur dissémination,

19. CITEPA, Centre interprofessionnel d'études de la pollution atmosphérique (http://www.citepa.org/fr/air-et-climat/polluants/metaux-lourds).

installer des pièges à métaux lourds dans toutes les centrales à charbon, moteurs Diesel, chaudières et procédés industriels, organiser la collecte de tous ces poisons, et stocker tout cela en lieu sûr. Bien entendu, au fil des ans se posera la question du traitement de ce volume grandissant de déchets, et de leur stockage éventuel – pour éviter qu'ils ne contaminent les générations futures – avec une garantie de plusieurs centaines de milliers d'années sur leur neutralisation et confinement. Il faudra pour cela réfléchir et engager des études pour trouver un site géologique suffisamment profond, imperméable et particulièrement stable pour accueillir ces centaines de tonnes de produits hautement toxiques pour des centaines de milliers d'années.

Cela rappelle-t-il un problème très médiatisé ?

Cela rappelle, bien sûr, le problème que nous avons avec les déchets nucléaires à vie longue... Mais il y a une grande différence, et c'est que pour les déchets nucléaires il existe bien une préoccupation quant à leur devenir, d'où l'exigence de traitement et d'étude autour du choix d'un site d'enfouissement. Pour les métaux lourds quotidiennement rejetés dans la nature et qui contaminent toute la chaîne alimentaire, il n'y a pas l'ombre d'une préoccupation comparable à ce qui se fait dans le nucléaire civil.

Pour résumer, ce qui est souvent critiqué et mis sous les projecteurs des médias, le traitement des déchets nucléaires, pourrait servir d'exemple à généraliser pour toutes les autres pollutions chimiques. Or autour des pollutions chimiques, d'un volume cent fois plus important, c'est le silence complet[20]. On comprend alors que l'échelle de médiatisation de certains déchets par rapport à d'autres est en complet décalage avec la situation réelle et l'état d'avancement des solutions.

---

20. Il existe bien des normes de sûreté dans le secteur de la chimie (Seveso), des organismes comme le CITEPA ; mais rien de comparable en termes de moyens et de pouvoirs à leurs homologues du nucléaire tels que l'ASN, l'IRSN ou l'ANDRA.

Insistons sur ce point : ces rejets se font annuellement, c'est un empoisonnement silencieux et continuel, dans le cadre d'un fonctionnement normal ! Dans le cas du nucléaire civil, les rejets polluants surviennent en cas d'accidents, qui restent très rares (heureusement). Pourtant, lorsqu'il y a des pollutions chimiques comme celle survenue avec le rejet accidentel de boues rouges hautement toxiques dans le Danube en 2010[21], aucun journaliste ne note l'irréversibilité des pollutions, irréversibilité qu'on présente le plus souvent comme étant une caractéristique spécifique du nucléaire. Plus près de nous dans le temps, notons que la catastrophe de Tianjin, en Chine, en août 2015, qui a rejeté plus de 100 t de cyanure dans la biosphère et dont l'impact est au moins aussi grave que l'accident de Fukushima, est déjà presque oubliée.

Faire avancer le débat

Les pollutions chimiques ne peuvent pas être comparées aux pollutions nucléaires, qui sont bien plus graves !

Selon l'INSERM, la pollution atmosphérique tue de façon prématurée 15 000 personnes par an rien qu'en France[22] . Le seul accident de Bhopal a fait beaucoup plus de victimes (et tue encore jusqu'à aujourd'hui) que tous les accidents nucléaires de l'histoire[23]. Il y a des terres qui sont tellement polluées au mercure, du fait des activités minières dans le nord de la France, qu'il est interdit d'y cultiver quoi que ce soit. Et ce sont là des pollutions irréversibles, à moins de trouver un moyen d'extraire

21. http://www.humanite.fr/11_10_2010-la-hongrie-s'attaque-au-mal-magyar-aluminium-455553

22. http://www.sciencesetavenir.fr/sante/20140408.OBS3033/pollution-atmospherique-entre-20-000-et-40-000-deces-en-france.html

23. Catastrophe industrielle survenu en Inde en 1984. Le décompte officiel fera état initialement de 3 598 morts, puis de 7 575 en octobre 1995. Les associations de victimes estiment à plus de 20 000 le nombres de décès causés par cet accident (http://www.bhopal.net).

tous ces poisons de la terre. Le tsunami au Japon a bien provoqué un accident majeur dans la centrale de Fukushima avec des pollutions radioactives, mais il a aussi détruit toutes les usines classées Seveso sur des centaines de kilomètres. Tous ces poisons ainsi que tous les objets de consommation contenant des métaux lourds ont été massivement rejetés dans la mer ou ont contaminé les sols. A-t-on des informations sur cette pollution ? Dans le Pacifique il y a, comme une des conséquences de la catastrophe, une mer de déchets toxiques avec toutes sortes d'objets qui pourrait atteindre 5 millions de tonnes[24] (produits de consommation courante, piles, batteries, meubles, voitures, matériel électronique, peinture, médicaments, produits chimiques d'usines balayés par le tsunami). S'il y a ne serait-ce que 1 % de ces déchets à classer comme hautement toxiques (métaux lourds, PCB[25]), cela fait tout de même des milliers de tonnes de poisons dangereux rejetés dans l'océan. Il est fait état régulièrement de rejets d'eau radioactive dans l'océan par les Japonais, ce qui est une pollution bien réelle. Mais, de l'avis de nombreux spécialistes, bien que cette pollution soit très médiatisée, il n'en demeure pas moins que c'est la pollution d'origine chimique qui est prépondérante dans la région, surtout si on considère la catastrophe d'ensemble provoquée par la vague du tsunami sur des centaines de kilomètres de côtes[26].

Autre pollution : la marée noire géante du golfe du Mexique en 2010 à la suite de l'explosion de la plate-forme de BP. Il y eut

---

24. http://sciences.blogs.liberation.fr/home/2011/06/tsunami-au-japon-et-les-déchets-à-la-mer-.html

25. Les PCB sont des produits chimiques organiques chlorés utilisés pour toutes sortes d'appareils électriques (présents, par exemple, dans les transformateurs et les condensateurs).

26. http://energie.lexpansion.com/energie-nucleaire/tsunami-et-fukushima-etat-des-lieux-des-pollutions_a-32-8047.html

500 000 t[27] de pétrole déversé dans l'océan, ce qui représente une pollution d'autant plus grave que ce pétrole contient aussi des métaux lourds. Quel impact ? On aura remarqué que ces pollutions chimiques ne sont jamais présentées comme des pollutions aussi graves que les pollutions nucléaires, et qu'on ne montre jamais leur caractère tout aussi irréversible. Pourtant, elles sont bien plus nombreuses et se font en silence : silence, par exemple, autour des déchets charriés par les fleuves, qui sont régulièrement rejetés à la mer ; guère de commentaires sur le dégazage des pétroliers, pratique courante qui, en volume, représente *chaque année* l'équivalent de 5 fois la marée noire de BP dans le golfe du Mexique.

Le mercure est un poison, certes, mais on le trouve à l'état naturel, on peut le réutiliser. C'est donc un déchet qu'on peut encore gérer. On ne peut donc pas le comparer à l'uranium tout de même…

Il est vrai que le mercure est présent partout, y compris dans notre propre jardin, là où on cultive nos petits légumes. Il est présent à l'état de trace, en de si faibles concentrations qu'il en est inoffensif pour notre santé. Rappelons ce principe : c'est la dose qui fait le poison. Même dans le verre d'eau que l'on boit, on avale du mercure, présent dans les roches traversées par cette eau avant d'arriver jusqu'à nous.

Ce qui pose problème avec les poisons « naturels » comme le mercure, c'est lorsqu'on les libère du milieu dans lequel ils étaient piégés depuis des millions d'années (la roche, le charbon, les hydrocarbures) et lorsqu'ils s'accumulent dans notre environnement avec des concentrations devenant de plus en plus importantes… et dangereuses pour la santé.

---

27. http://www.larecherche.fr/actualite/aussi/maree-noire-louisiane-bilan-deux-ans-apres-01-06-2012-92209

Le dilemme : dilution ou confinement ?

Il y a deux façons de rendre inoffensif un poison comme le mercure.

Il est possible de le diluer, comme cela se fait tous les jours, par petites doses, dans un gros volume, comme l'océan, l'atmosphère, les sols. C'est une solution de facilité, dont nous n'avons pas de quoi vraiment être fiers, mais il est effectivement difficile de mettre derrière chaque pot d'échappement de voiture et de camion un piège à mercure efficace à 100 %, ou d'en équiper chaque cheminée des centrales au charbon[28] et autres usines. Il faudrait de plus organiser toute la collecte de ces poisons (des dizaines de tonnes par an...). D'où cette dilution, en fonctionnement normal, dont s'accommode notre modèle économique : en effet, aucun constructeur d'automobiles, ou de centrales à charbon, par exemple, n'envisage de faire autrement. On court-circuite ainsi la case « déchets » puisque l'on ne prévoit ni récupération ni stockage, mais cela au prix d'une grave pollution.

L'autre solution, idéalement, pour éviter cette pollution, serait le confinement. Il s'agirait alors de collecter tous ces poisons, même si c'est difficile, très cher et, pour tout dire, impossible dans l'absolu[29]. Une fois collectés, on les confinerait en les piégeant dans une matrice, en verre par exemple (un des éléments les plus stables chimiquement dans le temps), et on stockerait le tout dans de grands hangars très protégés... et de plus en plus grands, compte tenu de l'accumulation au fil des ans de centaines de tonnes qu'il faut gérer.

---

28. Environ 0,1 g de mercure présent dans chaque tonne de charbon. Mais considérons bien que ce sont plus d'une centaine de millions de tonnes de charbon qui sont brûlés chaque année rien qu'en Allemagne. Soit une dizaine de tonnes de mercure rejetée dans l'environnement chaque année, rien que pour la combustion du charbon dans ce pays.

29. Il n'existe pas de « passoires » à atomes avec un maillage suffisamment fin pour tout retenir, il y aura toujours des rejets...

Pour cette dernière possibilité, si on ne souhaite pas aller vers un stockage géologique, comme pour le nucléaire, on pourrait avoir une idée pour se débarrasser de ces volumes encombrants, idée qui suivrait en quelque sorte le principe selon lequel « ce qui vient de la terre doit naturellement retourner à la terre, dans les conditions naturelles initiales ».

On sortirait ainsi de ces hangars ces énormes quantités de mercure pour les mélanger à de la terre, mais dans des proportions telles qu'on retrouverait, à nouveau, du « mercure présent à l'état naturel », c'est-à-dire à une très faible dose dans le sol. Ce mercure, retourné dans le sol, deviendrait ainsi inoffensif. Comment alors expliquer et justifier un tel procédé ? Imaginons qu'on annonce demain dans les médias que l'entreprise X enterre du mercure dans le sol, tout en assurant que c'est sans danger pour la santé des personnes, puisqu'à des teneurs s'approchant de l'état naturel. Quelle serait notre réaction ?

Un autre problème est la faisabilité économique : les procédés seraient tellement chers, car très longs, nécessitant de si grandes étendues de terre que leur mise en œuvre ferait exploser les prix de tous les objets qui nous entourent.

On pourrait objecter que tout ce mercure pourrait servir à nouveau à fabriquer des objets, notamment concernant les composants nécessitant ce fameux élément, dans le cadre d'une économie circulaire par exemple. Mais il y en a trop, car rappelons que c'est avant tout un produit non désiré, un déchet ; en effet, on aimerait tant extraire du charbon ou du pétrole pur, sans aucune trace de mercure ! Autre option : il pourrait être utilisé comme matériau de substitution. Mais qui accepterait d'utiliser des objets dans la fabrication desquels entrent des matériaux « recyclés » aussi dangereux ?

C'est pour toutes ces raisons qu'on accepte passivement – et encore lorsqu'on en connaît l'existence, car on n'en parle guère – la solution actuelle de dissolution, qui reste pourtant très dangereuse car elle empoisonne toute la biosphère et entraîne des phénomènes très graves comme celui de la bioamplification (les tissus des mammifères marins, par exemple, présentent une concentration en mercure mille fois supérieure à celle du milieu dans lequel ils évoluent...).

Le choix de la dissolution fait donc disparaître ces déchets encombrants, et aussi les débats qui vont avec (les millions d'années de nocivité, le legs aux générations futures, etc.), mais au détriment de notre santé. Tout le raisonnement qui précède est valable pour l'arsenic, le cadmium, l'ensemble des métaux lourds et des centaines d'autres produits[30].

On peut tourner le problème dans tous les sens, on est bien face au dilemme suivant : soit accepter de diluer, ce qui pose les problèmes de la pollution et de l'empoisonnement progressif de notre environnement, soit récupérer les divers produits toxiques et les confiner, et dans ce dernier cas on retombe dans des débats sans fins analogues à ceux qu'on connaît pour les « déchets nucléaires » : la nécessité de trouver un site géologique qui nous protège de la nocivité de ces poisons pour des millions d'années. Il faudrait alors prévoir des centaines de Cigéo (Centre industriel de stockage géologique) rien qu'en France...

Alors qu'en est-il du caractère naturel ou artificiel de l'uranium ? Bien évidemment, l'uranium est aussi un élément naturel, présent partout à faible dose, y compris dans notre propre jardin[31]. Seulement, pour l'uranium utilisé dans nos centrales, il est facile de le récupérer, et c'est prévu d'ailleurs : l'exploitant (EDF) a l'obligation

---

30. Faut-il rappeler que la durée de vie du mercure et des autres métaux lourds est infinie et qu'ils sont présents dans le charbon, mais aussi dans les appareils servant à exploiter les énergies nouvelles renouvelables ?

31. Inutile d'y ouvrir une mine d'uranium, car l'énergie dépensée à extraire ce minerai, du fait de la faible teneur dans le sol, sera bien plus importante que son potentiel énergétique.

de s'occuper de ses déchets[32], et de les rendre inoffensifs pour la biosphère. D'où la solution de récupération, de confinement puis de stockage géologique de ces poisons auxquels on aboutit. On pourra toujours rétorquer que ce n'est toujours pas satisfaisant. Soit, mais c'est tout de même mieux, et c'est une solution bien plus avancée que de diluer les métaux lourds et de contaminer quotidiennement notre milieu, et toute la chaîne alimentaire.

C'est exagéré cette comparaison, tout cela n'a absolument rien à voir avec le niveau de dangerosité des déchets radioactifs artificiels et incontrôlable, produits par l'homme moderne.

Il faut savoir que bien avant l'apparition de l'homme, la Terre a connu des réacteurs nucléaires à eau, près de l'actuelle mine d'Oklo au Gabon, il y a... 2 milliards d'années[33]. En effet, pour qu'une réaction de fission nucléaire se produise, il suffit d'avoir un site avec du minerai d'uranium suffisamment concentré et une présence d'eau en quantité suffisante, et ce fut justement le cas à cet endroit, il y a 2 milliards d'années : rien de plus naturel donc, l'homme n'existant pas encore à cette époque ! Le réacteur a fonctionné pendant plusieurs dizaines de milliers d'années, élevant la température du sol de surface à plusieurs centaines de degrés et produisant exactement les mêmes déchets nucléaires que ceux que nous produisons, nous, humains, en 2015, dans les centrales de Fessenheim, de Nogent ou de Gravelines. Ces déchets sont restés enterrés dans le sol et ont suivi une évolution conforme à ce que prévoit l'état actuel de la science. Ainsi, ces « polluants naturels » (les mêmes qui sont prévus

---

32. À noter que c'est une erreur de considérer comme un déchet l'uranium récupéré à partir du combustible usé. En effet, cet uranium est stocké pour un usage futur dans des réacteurs de 4e génération (voir clé n° 12). Les déchets qui seront vraiment stockés en profondeur sont les résidus ultimes des réactions de fission, ceux dont on n'a plus aucune utilité, d'où leur volume très réduit.

33. Andrew Karam, « The natural nuclear reactor at Oklo : comparison with modern nuclear reactors », 2005 (http://www.physics.isu.edu/radinf/Files/Okloreactor.pdf).

pour le stockage géologique de Bure, faut-il le rappeler ?) ont très peu migré de l'endroit où ils ont été produits : seulement quelques mètres en 2 milliards d'années[34]. Il n'y avait pourtant pas, comme il est prévu pour Bure, de multiples obstacles artificiels dressés par l'homme. Insistons sur ceci : il faudrait, dans le cas d'un stockage géologique comme celui de Cigéo, que ces poisons s'échappent du verre dans lequel ils sont emprisonnés, traversent les parois en acier contenant ce verre, puis les parois en béton du site, et enfin l'argile de la couche géologique pour qu'il y ait pollution. Pour Oklo, la barrière de l'argile seule a suffi à tout retenir (argile bien sûr présente à Bure également). Cela tendrait à relativiser les discours parfois excessifs des opposants au projet Cigéo de stockage des déchets nucléaires.

---

34. Catherine Menet-Dressayre, Michel Steinberg, « Étude du comportement géochimique des radioéléments et de leurs descendants autour des réacteurs nucléaires naturels 10 et 13 d'Oklo (Gabon). Application au stockage de déchets nucléaires de haute activité », 1992 (http://cat.inist.fr/?aModele=afficheN&cpsidt=152949).

Clé n° 6

Santé et énergie

Ce qu'il faut retenir

Comme pour les émissions de CO_2, il convient d'évaluer l'impact sur la santé des différentes énergies rapporté au kilowattheure produit.

Une étude commandée par la Commission européenne dans le cadre du programme « Externe » a été produite en 2000 : *Électricité, Santé, Environnement*[35]. Ses auteurs, Ari Rabl et Joseph V. Spadaro, ont eu l'idée de lier les pollutions dues à ces énergies et leurs conséquences sanitaires. Cela donne les résultats suivants :

Énergie et santé

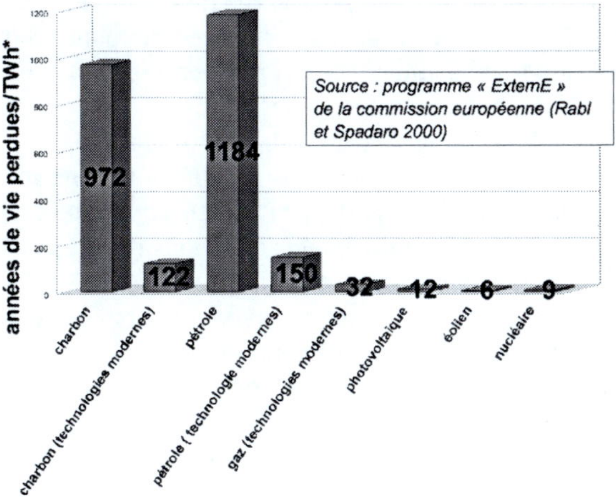

35. http://sfp.in2p3.fr/Debat/debat_energie/websfp/CoutsExternesElectricite.htm

Années de vie perdues/TWh

C'est une mesure du nombre de décès prématurés dus aux pollutions atmosphériques essentiellement. Cela correspond à un raccourcissement global de l'espérance de vie par térawattheure d'électricité produite avec les différents types d'énergie (1 TWh représente environ la consommation annuelle électrique d'une ville de 200 000 habitants).

En ordonnée (axe vertical), nous avons les années de vie perdues, ce qui correspond à une diminution de l'espérance de vie. Sans surprise, c'est le charbon et le pétrole qui tuent le plus. Avec des centrales modernes, on gagne un ordre de grandeur dans les performances (on passe de 1 000 à 100). Pourquoi le charbon tue autant ? Parce qu'il contient des métaux lourds hautement toxiques qui sont disséminés dans toute la biosphère et qui contaminent toute la chaîne alimentaire.

Plus surprenant, l'apparition du solaire et de l'éolien. On pourrait se dire que ces deux énergies ne rejettent rien, donc sont inoffensives. C'est oublier qu'il a fallu de l'énergie pour produire les matériaux qui les constituent, ce qui n'est pas négligeable. D'autre part, du fait de l'intermittence de ces énergies, il est nécessaire de les coupler à des centrales à combustibles fossiles (gaz ou charbon) pour pallier l'absence de production lorsque le vent ne souffle pas (75 % de l'année sur les meilleurs sites). De ce fait, tant qu'on n'a pas de moyen de stocker de l'électricité, construire 1 000 MW de puissance en éoliennes oblige aussi à prévoir 1 000 MW en gaz ou charbon. Précisons que nous n'avons pas intégré dans notre graphique ce dernier aspect, qui pourtant aggrave nettement le bilan sanitaire de l'éolien et du solaire photovoltaïque, mais on peut le retrouver dans l'étude d'origine sous l'appellation « éolien et photovoltaïque couplé à gaz et charbon »[36].

36. http://sfp.in2p3.fr/Debat/debat_energie/websfp/CoutsExternesElectricite.htm

La biomasse, essentiellement le bois qu'on brûle, tue elle aussi, par le rejet de particules fines. Cela peut surprendre car nous sommes toujours persuadés que tout ce qui est naturel est forcément inoffensif. Et quoi de plus naturel qu'un feu de bois ? Pourtant c'est un vrai problème de santé publique. On estime qu'en région parisienne, par exemple, un quart de la pollution en particules fines provient des nombreux pavillons de la région qui se chauffent au bois, et qu'elle s'ajoute à celle due au transport par véhicules Diesel[37].

Le nucléaire apparaît comme une des énergies qui ont le moins d'impact sur la santé. Cela choque car, dans l'opinion générale, c'est une des énergies les plus dangereuses, les plus polluantes et qui représente même une menace pour l'humanité. En réalité, rapportée à la quantité d'électricité produite, c'est bien une des énergies les moins nocives pour l'environnement et la santé des populations, comme le confirme cette étude. En effet, il n'y a pratiquement pas de pollution en fonctionnement normal, et les déchets sont confinés et sous contrôle, contrairement aux centaines de tonnes de métaux lourds rejetés par les centrales à combustibles fossiles en fonctionnement normal (de durée de vie infinie, donc avec les même problèmes que les déchets nucléaires, sauf qu'on ne s'en occupe pas et que leur volume est cent fois plus élevé). Il y a eu deux accidents avec conséquences pour l'environnement : Tchernobyl en 1986 et Fukushima en 2011. Ce sont des accidents

37. Airparif, « Origine des particules respirées en Île-de-France. Dossier de presse », 14 septembre 2011 (http://www.airparif.asso.fr/_pdf/publications/synthese_particules_110914.pdf).

très rares, qui se sont soldés par un nombre de victimes[38] et une pollution irréversible qui restent inacceptables, mais cela reste inférieur de plusieurs ordres de grandeur aux dégâts dus au charbon et au gaz, par exemple. On se heurte ici à une vraie difficulté liée à la perception des risques et de leur acceptabilité. (Voir clé n° 5 « Déchets et pollutions » et clé n° 7 « Risque et sûreté face aux catastrophes ».)

Faire avancer le débat

Ces chiffres sont faux, ils proviennent du lobby du nucléaire !

Ces chiffres proviennent d'une étude commandée par la Commission européenne et ils ont été confirmés par l'Académie de médecine. Cela fait beaucoup de monde à corrompre en même temps, et ce en faisant en sorte que tout le monde se mette d'accord pour garder le silence et ne pas dénoncer cette prétendue « fausse » étude. L'Académie de médecine, qui compte en son sein des spécialistes parmi les meilleurs de France, ne l'a pas remise en cause. Et si vraiment il s'agissait d'un simple jeu de lobby, les lobbies du gaz, du charbon et du pétrole sont bien

38. Le bilan sanitaire seul de l'accident de Fukushima, contrairement à celui de Tchernobyl – qui s'est soldé par un bilan de près de 4 000 morts –, sera beaucoup moins lourd selon l'ONU. Lire le rapport de l'*United Nation Scientific Committee on the Effects of Atomic Radiation « On the levels and effects of radiation exposure due to the nuclear accident following the great east-Japan earthquake and tsunami, 2015. White Paper to guide the Scientific Committee's future programme of work »*, p. 31 et 32 (http://www.unscear.org/docs/reports/2015/Fukushima_WP2015_web_en.pdf).

Cela est dû en partie aux mesures prises par les Japonais dès les premiers signes de la catastrophe, à savoir l'évacuation immédiate des populations et la distribution de pastilles d'iode. Ce qui ne dédouane pas les autorités japonaises et leur laxisme vis-à-vis de Tepco concernant les mesures de sûreté. Aussi, par rapport au cas de Tchernobyl, le volume des rejets est dix fois inférieur (rappelons que, pour le cas de Tchernobyl, il n'y avait pas d'enceinte de protection).

plus puissants que le lobby du nucléaire. Il suffit de comparer les chiffre d'affaires d'Areva d'un coté et celui de Gazprom ou Total de l'autre… il y a un ordre de grandeur d'écart[39] ! Donc, si c'était une simple affaire de jeu d'influence et de lobbies, on aurait certainement eu le gaz comme énergie ayant le moins d'impact sur la santé (c'est ceux qui ont le plus d'argent). À noter que, très récemment, une étude états-unienne affirme que le nucléaire civil aurait épargné 1,3 million de vies[40], ce que n'aurait pas fait une production d'électricité à base de charbon pendant ces trente dernières années. En fait, toutes ces études confirment ce que savent déjà la plupart des écologues (écologie scientifique) : le nucléaire est la seule énergie qui n'a fait disparaître aucune espèce, on ne peut pas en dire autant du charbon, du gaz et du pétrole, qui ont détruit des écosystèmes entiers. C'est ce qui fait que de nombreux écologues sont plutôt favorables au nucléaire[41]. Ces données ont pesé en Suède et en Finlande dans le débat démocratique pour la relance du nucléaire, pays pourtant les plus touchés par le nuage radioactif de Tchernobyl et ayant dans un premier temps renoncé au nucléaire. C'est le même phénomène en Angleterre avec la relance du nucléaire. Cela peut paraître étrange au vu de la vivacité des débats que nous avons en France, mais c'est bien la réalité.

---

39. Un chiffre d'affaires de 100 milliards pour Gazprom, contre 10 milliards environ pour Areva, pourtant la plus grande entreprise de ce secteur dans le monde !

40. http://pubs.acs.org/doi/abs/10.1021/es3051197?source=cen& (pour un résumé en français : http://www.huffingtonpost.fr/2013/04/04/nucleaire-empeche-mort-1-84-million-personnes-climatologues_n_3007198.html).

41. Beaucoup d'entre eux ont adhéré à l'Association des écologistes pour le nucléaire (AEPN), qui compte aujourd'hui environ 10 000 membres, écologistes patentés, de tous les pays du monde. Parmi eux, Patrick Moore, l'un des fondateurs historiques de Greenpeace, en 1971, mais aussi un des pères de l'écologie moderne, James Lovelock. On pourrait aussi citer François Ramade, scientifique mondialement reconnu dans le domaine de l'environnement.

Tchernobyl n'a pas été comptabilisé dans le bilan.

Les victimes, dont le nombre est estimé à 4 000 par l'OMS[42] après vingt ans d'enquête impliquant des centaines de spécialistes provenant du monde entier, ont bien été comptabilisées. Ce chiffre de 4 000 victimes inclut tout, à la fois les personnes dont la mort est directement reliée à l'irradiation sur place lors de l'accident, les décès provoqués par les cancers de la thyroïde qui, pour leur grande majorité, ont été soignés, mais aussi les cancers en général et en surplus que cet accident a provoqués et va provoquer durant des années. Tâche très difficile, car il faut extraire de la masse de cancers qui surviennent « normalement » dans une population donnée ceux qui sont effectivement dus à l'accident (c'est la même problématique pour mesurer les cancers vraiment dus à des scandales sanitaires comme l'amiante). Dans un pays qui a en plus subi une diminution de l'espérance de vie suite à la chute de l'URSS, avec de gros problèmes sanitaires comme l'alcoolisme et le délabrement des services de santé, c'est un travail très difficile. D'où la longueur de cette étude (vingt ans). Il apparaît donc cette estimation : 4 000 morts supplémentaires toutes générations confondues, tel est le bilan de Tchernobyl. Ce chiffre est déjà catastrophique en soi et doit conduire à tout faire pour que ces accidents n'arrivent plus, ou au moins, si cela arrive, qu'il n'y ait pas d'impact sanitaire (évacuation de la population, enceinte de protection suffisamment solide pour confiner la pollution, etc.). (Voir aussi clé n° 7 « Risque et sûreté face aux catastrophes ».)

On ne sait rien sur les effets sur la santé dans le nucléaire. Ce que vous dites est hasardeux, personne ne saura ce qu'aura vraiment coûté Tchernobyl.

Bien avant l'apparition de l'énergie nucléaire, les radiologues du monde entier ont réfléchi aux effets de doses de rayonnement sur la santé, pour des raisons pratiques puisque les examens radiologiques

42. http://www.who.int/mediacentre/factsheets/fs303/fr

impliquent d'exposer des patients à un rayonnement[43]. Plusieurs cancers sont ainsi survenus à cause de doses trop importantes, c'est ainsi qu'on a découvert ce phénomène et que des normes internationales ont été émises pour préserver la vie des patients. C'est d'ailleurs un dilemme pour le médecin : un examen radiologique expose le patient à une dose qui pourrait lui faire développer un cancer. Mais ne pas faire cet examen l'expose à un risque beaucoup plus grand : celui de mourir de la maladie diagnostiquée. Ce point est important car, on le comprend, la décision revient à peser à chaque fois les risques, en somme choisir la moins mauvaise solution. Toutes ces études ont conduit à établir une loi qui lie la dose et le débit de dose à la probabilité de développer un cancer. C'est sur cette base que les réglementations sont établies pour les travailleurs du nucléaire et le personnel naviguant en avion, les populations et aussi la médecine. C'est aussi sur ces données qu'a été établi le bilan de Tchernobyl.

Ce constat ne doit pas nous mener à relâcher notre vigilance quant aux conséquences liées à l'éclatement de l'organisation du travail, et au recours accru à la sous-traitance dans le nucléaire. Ainsi, les travailleurs qui vont de site en site pour la maintenance des réacteurs, appelés pour cela « nomades du nucléaire », sont exposés à de très fortes doses de radiations et ne bénéficient pas du même suivi que les autres ni d'une traçabilité des doses reçues sur l'année. Il faut exiger que les normes adéquates soient aussi appliquées à ces travailleurs, travailleurs qui doivent être protégés des pressions de leurs employeurs et du chantage à l'emploi. Ce sont des luttes comparables à ce qui est mené pour les travailleurs du secteur de la chimie, par exemple.

On nous ment toujours concernant le nucléaire. La preuve quand on nous a affirmé que le nuage de Tchernobyl s'était arrêté aux frontières… et depuis, les cancers de la thyroïde en France ont explosé !

---

43. 1928 : création de la Commission internationale de protection radiologique (CIPR).

Examinons ce point qui revient systématiquement dans les débats, et soyons précis dans le rappel des faits : le SCPRI (Service central de protection contre les rayonnements ionisants), ancêtre de l'IRSN[44], *aurait* affirmé que le nuage de Tchernobyl (avril 1986) se serait arrêté aux frontières : un mensonge répété des milliers de fois n'en fait pas une vérité, même s'il est démultiplié aujourd'hui par Internet. Quiconque fait le travail sérieux et honnête de visionner les vidéos des journaux télévisés de l'époque, ou plus simplement de noter minutieusement les déclarations publiées alors dans la presse jour par jour (il suffit d'aller dans une bonne bibliothèque où l'archivage existe), pourra constater par lui-même que ces accusations sont tout simplement *complètement fausses.* La succession des titres du journal *Libération* à l'origine de cette phrase[45], qui n'a pourtant jamais été prononcée mais inventée par ce quotidien, ce qui n'empêcha pas qu'elle soit reprise partout, est éloquente[46]. Le SCPRI, par la voix de son directeur, le professeur Pellerin, et par des communiqués successifs, n'a jamais nié qu'il y ait eu des retombées radioactives sur le territoire national. En revanche, il a affirmé que les conséquences sanitaires seraient nulles compte tenu des doses[47] (c'est la dose qui fait le poison) : c'est cela qui apparaît choquant, car il est communément admis, quand on parle de pollution nucléaire, qu'il faut forcément aboutir

44. L'Institut de radioprotection et de sûreté nucléaire (IRSN) effectue des recherches et des expertises sur les risques liés à la radioactivité.

45. On peut retrouver la chronologie exacte, jour après jour, des titres des journaux ainsi que des déclarations des autorités sur cette page : http://ecolo.org/documents/documents_in_french/Tchernobyl-Schmitt-04.htm

46. Dès le 2 mai, le journal rapportait, page 4, colonne 3 : « *Le directeur du SCPRI a annoncé hier que l'augmentation de radioactivité était enregistrée sur l'ensemble du territoire.* » Le 12 mai, on pouvait lire en une du même journal : « *Le mensonge radioactif : les autorités scientifiques françaises ont caché à l'opinion le passage au-dessus de notre territoire du nuage radioactif de Tchernobyl entre le 30 avril et le 4 mai.* »

47. http://www.laradioactivite.com/site/pages/Tchernobyl_France.htm

à une alerte sanitaire, qu'il y a forcément des cancers induits, et dire autre chose signifie qu'on est dans le mensonge d'État. Mais alors pourquoi se saisir d'une expertise scientifique si la réponse est connue à l'avance ? L'accusation n'est pas légère ici : il est question de centaines de cas de cancer de la thyroïde dont serait responsable l'incurie de l'IRSN. En réalité, le taux de cancers de la thyroïde augmente régulièrement depuis les années 1970, nuage de Tchernobyl (1986) ou pas, partout en France quel que soit le niveau des retombées de l'accident, la courbe continue de grimper imperturbablement. Le même phénomène se produit en Amérique du Nord, où le nuage n'est pourtant pas passé. Les causes seraient plutôt à rechercher ailleurs : pollution chimique ? dépistage plus fin grâce à l'amélioration des techniques ? autres raisons ? C'est ce qui est admis dans les milieux professionnels. Et c'est ce qu'a rappelé le tribunal de Paris, blanchissant complètement le professeur Pellerin après vingt-cinq années de calomnies et de propos diffamants à son égard.

Cependant le mal est fait : pour beaucoup persistera l'idée que des institutions publiques pourtant chargées de nous protéger et de nous alerter, ont failli à leur mission[48].

Cela n'empêche pas l'ASN (Autorité de sûreté nucléaire) de continuer à faire son travail et d'arrêter le chantier de l'EPR de Flamanville lorsqu'elle considère que le béton n'est pas de qualité suffisante, ou ailleurs une centrale parce qu'elle considérera que la sûreté n'est pas totale. Cela n'empêche pas l'IRSN d'émettre des avis sur la santé au travail contraires aux intérêts des actionnaires d'EDF. Dans ce sens, le nucléaire, quoi que véhiculent les idées

48. En 1986, lors de l'accident de Tchernobyl, les doses reçues par les populations les plus exposées de l'est de la France ne dépassaient pas 1 mSv par an, soit 40 % de la radioactivité naturelle. Le mSv (millisievert) est une mesure qui quantifie la dose réellement reçue en lien avec les risques pour la santé. Par exemple, les doses reçues dans le Massif central dues à la radioactivité naturelle sont de 5 mSv/an, et à Paris de 2,5 mSv/an. Dans certaines régions du monde fortement peuplées, la dose culmine à plus de 20 mSv/an (des régions se situant au Kerala et au Pakistan).

reçues, est un secteur relativement transparent et contrôlé, où des contre-pouvoirs existent et sont dans le giron du secteur public. Il suffit de faire l'expérience d'aller sur le site internet de l'IRSN ou de l'ASN pour se rendre compte de la quantité d'études que mènent ces institutions comme de la quantité d'informations qu'elles rendent accessibles au public. Rien de tel ne se fait dans le domaine de la chimie par exemple.

Il y a beaucoup de scandales autour des pollutions nucléaires, que les autorités, couvrent systématiquement en nous cachant la vérité. Heureusement qu'il y a la Criirad (Commission de recherche et d'information indépendantes sur la radioactivité), indépendante et citoyenne, pour nous alerter et nous donner une information objective !

Il est rassurant que des citoyens s'organisent pour sensibiliser à une cause et diffuser des connaissances scientifiques dans un domaine : beaucoup d'associations savantes de ce type existent en France et contribuent à développer la culture scientifique. Mais on peut affirmer que pour la Criirad le but est tout autre. Elle a clairement tendance à jeter systématiquement la suspicion sur les institutions publiques et à faire peur : cela n'a que peu à voir avec une préoccupation légitime de faire avancer les connaissances sur les pollutions radioactives ou de diffuser une culture scientifique dans ce domaine auprès de la population. Prenons un cas d'école : l'alerte lancée par cette association sur le niveau élevé de radioactivité sur une plage du Gard en 2000. Panique assurée dès l'annonce des mesures, et la suspicion se porte sur d'éventuels rejets de la centrale à proximité, la machine médiatique s'emballe. Pourtant l'IRSN[49] et le BRGM[50] fournissent l'explication : le

49. L'Institut de radioprotection et de sûreté nucléaire (IRSN) effectue des recherches et des expertises sur les risques liés à la radioactivité.

50. Le BRGM (Bureau de recherches géologiques et minières) est l'établissement public de référence dans les applications des sciences de la Terre pour gérer les ressources et les risques du sol et du sous-sol.

sable en cause est bien connu des géologues depuis les années 1950 et se trouve naturellement radioactif au niveau mesuré. Bien que la radioactivité soit 50 fois supérieure à la radioactivité ambiante des plages environnantes de la région, l'IRSN rassure sur le fait qu'il n'y a pas de conséquence sur la santé sur une plage fréquentée depuis des années et qui existe depuis des millénaires[51]. Oui, c'est choquant, et cela heurte les idées reçues, mais il faut rappeler que, en radiologie comme en chimie, c'est la dose qui fait le poison, pas le phénomène en lui-même, qui peut être (et même avant tout !) d'origine naturelle. Mais on ne retiendra que la donnée impressionnante : « 50 fois supérieure à la normale », on ignorera sans doute que sur certaines plages du Brésil, pourtant à forte concentration humaine, le sable est jusqu'à 200 fois plus radioactif[52], pour les mêmes causes naturelles, et sans qu'on y ait constaté de surmortalité. Mais dans cette histoire le plus grave, c'est que la Criirad ne fera pas amende honorable, et ne fera pas tout ce travail d'explication, comme cela devrait être le cas pour tout scientifique capable de reconnaître normalement une erreur, et même de progresser.

Dans tous les cas, le mal est fait, d'autant que tous les démentis, toutes les explications, n'y pourront rien et n'auront de toute façon pas du tout le même impact médiatique.

On met ainsi en cause une possible partialité d'un service public – certes perfectible et dont il faut sans cesse veiller à renforcer les conditions d'indépendance – comprenant des milliers de scientifiques de très haut niveau, recrutés sur concours, couvrant de nombreux champs disciplinaires, et dont le point fort est justement le financement d'origine publique et le statut de fonctionnaire. On prétend substituer donc à tout cela la partialité certaine et assumée

---

51. Le rapport complet sur le site de l'IRSN : http://www.irsn.fr/FR/Actualites_presse/Communiques_et_dossiers_de_presse/Pages/etude_radioactivite_plages_camargue.aspx#.VvCK8hZQOQs.

52. Plage de Guarapari, ville de l'État brésilien d'Espírito Santo.

d'une association clairement partisane[53]. S'en remettre à ce type d'associations en croyant gagner en impartialité, c'est la politique de Gribouille, qui, pour se protéger de la pluie, décide de plonger dans la rivière[54].

---

53. La Criirad est animée par des militants antinucléaires. Cela fait partie de la profession de foi de cette association, ce qui est curieux pour une association qui prétend avoir une démarche scientifique d'expertise, puisqu'elle annonce, à l'avance, la conclusion à laquelle doivent aboutir toutes ses études, à savoir que le nucléaire doit être banni des activités humaines.

54. Lire à ce propos Yves Brechet, « La disqualification de l'expertise : un risque grave pour la rationalité des décisions politiques », Académie des sciences, 2011.

Clé n° 7

Risque et sûreté face aux catastrophes

Ce qu'il faut retenir

Dans le domaine de l'énergie, le risque d'un accident nucléaire est l'argument le plus fort pour l'arrêt du nucléaire civil. C'est peut-être l'objection la plus sérieuse à l'utilisation de cette énergie, beaucoup plus sérieuse que le problème des déchets. Et c'est un point qui revient systématiquement dans les débats, ce qui traduit une vraie préoccupation chez les citoyens.

Échelle des accident INES

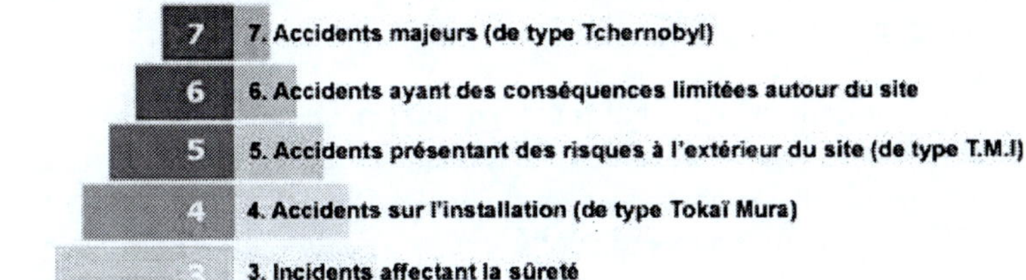

INES : International Nuclear Event Scale
(échelle internationale des événements nucléaires)

Le risque qu'un accident majeur se produise en France existe bel et bien et ne peut être écarté. Deux scénarios principaux sont possibles dans le cas d'une perte de refroidissement, y compris de secours, du réacteur qui conduirait à la fusion du combustible à l'intérieur de l'enceinte de protection.

1. Si l'enceinte de protection remplit son rôle, alors la pollution restera confinée et les populations, après avoir été dans un premier temps évacuées, pourront retrouver leur domicile au bout de quelques jours. Une grosse frayeur, mais pas vraiment de catastrophe : c'est ce qui s'est passé pour l'accident de Three Mile Island (TMI, 1982).

2. Si l'enceinte ne remplit pas son rôle, ou le remplit imparfaitement, ou, pis, si elle est inexistante (le cas de Tchernobyl), alors il y a rejet dans l'environnement et on peut s'attendre à des centaines de kilomètres carrés de terre polluée et inhabitable pendant des années, et à de nombreuses victimes si les mesures d'évacuation et de prise de pastilles d'iode n'ont pas été faites rapidement, dès les premiers signes de l'accident. C'est le scénario catastrophe que les autorités de sûreté de tous les pays cherchent à tout prix à éviter.

Il faut donc franchir plusieurs barrières pour en arriver à une catastrophe de type Fukushima : à la fois perte complète de refroidissement (avec des systèmes de secours défaillants) et enceinte qui ne confine pas efficacement la pollution.

En France, il existe une Autorité de sûreté nucléaire indépendante, qui a vraiment le pouvoir de faire arrêter un réacteur si ses prescriptions ne sont pas respectées. Elle a plusieurs fois arrêté le chantier de Flamanville, par exemple. Ajoutons qu'à chaque accident il y a un retour d'expérience.

Attardons-nous sur le cas de Fukushima. Lors de l'accident, l'opérateur japonais, Tepco, a dû procéder à des dégazages, en clair évacuer de l'air fortement pollué de l'intérieur du réacteur vers l'extérieur afin de diminuer la pression de l'enceinte. Si, avant d'évacuer cet air, on l'avait fait passer à travers des filtres à sable[55], la pollution à Fukushima (due en partie à ces dégazages) aurait été fortement réduite, car les particules radioactives auraient été piégées par ce dispositif. D'autre part, tout le monde a vu à la télévision les explosions des toits en structures métalliques abritant l'enceinte de protection des réacteurs. Cela est dû à l'accumulation d'hydrogène dégagé à cause des fortes températures dans le réacteur. Avec un simple dispositif qui « piégerait » cet hydrogène, ces explosions auraient été évitées et n'auraient pas endommagé l'enceinte de protection.

Il se trouve que ces deux systèmes – filtres à sable et pièges à hydrogène – ne coûtent que quelques centaines de milliers d'euros, ce qui est, toutes proportions gardées, dérisoire. En France, toutes les centrales disposent de tels systèmes, et ce depuis… les années 1980 ! En effet, à la suite de l'accident de Three Mile Island, les autorités ont imposé de rajouter ces dispositifs sur tous les réacteurs français.

Alors, pourquoi Tepco, en plus de ne pas avoir pris suffisamment au sérieux les conséquences d'un tsunami – les groupes électrogènes de secours, parce que non protégés, ont été inondés par la vague du tsunami –, n'a pas investi dans de tels systèmes connus de tous les opérateurs mondiaux ? Est-ce dû au fait qu'il n'existe pas au Japon d'autorité de sûreté vraiment indépendante qui lui aurait imposé une telle mesure ? En effet, il faut savoir que c'était Tepco qui inspectait les sites de Tepco, avec tous les faux rapports d'inspection et les « arrangements » du fait de la confusion des rôles.

Ce long développement pour bien faire comprendre qu'il n'y a pas de fatalité. La sûreté, cela se construit, cela demande des moyens… et on apprend avec l'expérience. Mais il faut être clair et

---

55. Le filtre à sable est un dispositif de sûreté qui n'est utilisé qu'en situation accidentelle grave. Il permet de décomprimer l'enceinte tout en retenant l'essentiel des produits radioactifs.

honnête : le risque nul n'existe pas pour autant, pas même avec des systèmes de sûreté les plus performants. On peut le réduire, et par exemple l'EPR[56] est un nouveau réacteur qui divise par dix ce risque par rapport aux réacteurs actuels, mais il ne le réduit pas à zéro. Il subsistera toujours une probabilité qu'un tel événement provoque une catastrophe, y compris en France.

Est-ce que, pour autant, cet événement très rare qu'est l'accident majeur, avec des conséquences importantes, doit nous conduire à sortir du nucléaire en France ? Un tel raisonnement conduit à une impasse, et nous amènera à répondre par la négative à cette question.

Tout d'abord, si, parce qu'il y a risque d'un accident, même très faible, il faut sortir du nucléaire, alors il va falloir faire la liste de tous les domaines où il y a des risques comparables, et en sortir aussi si on veut être cohérent et ne pas motiver notre décision juste pour « surfer » sur une peur. La liste est longue :

Sortir de l'hydraulique ?

Prenons l'exemple de Grenoble. Cette agglomération est entourée de barrages qui, s'ils venaient à se rompre, produiraient une vague de boue et de débris de la hauteur d'un bâtiment de quatre étages et qui déferlerait sur la ville à près de 200 km/h (scénario catastrophe décrit dans le PPRI[57] [Plan de prévention des risques d'inondation]). On disposerait de quelques minutes pour prévenir les 400 000 habitants de l'agglomération. Et cette vague emporterait tout, y compris des usines du secteur de la chimie, avec des produits hautement toxiques qui seraient disséminés. Le bilan serait catastrophique :

---

56. EPR : réacteur pressurisé européen, (initialement *European Pressurized Reactor*, puis *Evolutionary Power Reactor)*. Quatre réacteurs de type EPR sont en cours de construction dans le monde : un en Finlande, à Olkiluoto ; un en France, à Flamanville ; deux en Chine, à Taishan.

57. Document téléchargeable sur http://www.sassenage.fr/sites/default/files/webmaster/SEP_ARCHIVE_2011/GENERALITES_PLU.pdf

des dizaines de milliers de victimes et des vallées polluées à jamais. Bien sûr, on pourra objecter que, pour qu'un barrage se rompe, il faut qu'il y ait de gros défauts de conception et de construction. D'autre part, ce type de rupture donne des signes et prévient, le plus souvent, et donc on aura toujours le temps d'évacuer, et même de réparer le défaut ou de vider le barrage. Mais, comme pour le nucléaire, toutes ces objections ne réduisent pas le risque à zéro. Cela reste malgré tout possible. Alors, faut-il sortir de l'hydraulique ?

Sortir de la chimie ?

Des sites industriels à risque, classés Seveso, sont présents par centaines sur tout notre territoire. Ils touchent essentiellement le secteur de la chimie, crucial dans tous les aspects de nos vies. Sur le Rhône, il en existe qui peuvent déverser des poisons mortels et polluer le fleuve de façon irréversible pour des milliers d'années. Ce sont des scénarios catastrophes qui existent, qui sont très officiels et pris au sérieux par les préfectures. Dans le cas d'une explosion avec déversement de produits hautement toxiques, il y aura des victimes, mais aussi un environnement pollué pour des générations. Et insistons sur ceci : malgré toutes les précautions prises, le risque est réduit mais pas nul. Faut-il pour autant renoncer au secteur de la chimie ?

Arrêter les recherches en biochimie, sur les virus, les bactéries ?

Mettre au point de nouveaux vaccins, comprendre le fonctionnement des virus, faire reculer les maladies, n'est pas sans risque, car la dissémination des germes sur lesquels on travaille pourrait provoquer des catastrophes sanitaires à l'échelle planétaire – cela a inspiré de nombreux films « catastrophes » d'ailleurs. Pour réduire au minimum ces risques, les laboratoires dans lesquels ces recherches s'effectuent sont extrêmement surveillés, avec des protections et des mesures draconiennes. Il y a ainsi de multiples barrières de protection à franchir avant que les virus ne puissent sortir. C'est rassurant, mais, encore une fois, le risque n'est pas nul :

il y a toujours une possibilité qu'un supervirus sorte et décime les populations. Ces laboratoires sont dits « P4 »[58], il en existe deux en France et une bonne vingtaine dans le monde. Faut-il, au nom du risque d'une possible épidémie mondiale, abandonner pour autant ces recherches, et donc mettre un frein à tout progrès dans le domaine de la médecine ?

Sortir du pétrole, du gaz et du charbon ?

On peut en dire autant de la possible explosion d'un navire transportant du GNL (gaz naturel liquéfié) : une boule de feu de 1 km de diamètre pourrait se former lors d'une telle explosion en plein port (scénario très officiel qui sert de référence aux préfectures). On pourrait aussi parler du risque de marée noire, toujours réel : des millions de tonnes de pétrole avec, plus grave, les métaux lourds contenus dans ce pétrole polluant de façon irréversible des écosystèmes entiers. Nous avons vu également la pollution silencieuse du charbon, qui n'est pas un risque mais une réalité quotidienne. Et ces trois énergies émettent beaucoup de CO_2. On pourrait donc aussi parler du risque climatique qui est une catastrophe globale qui pourrait être classée XXL pour ses conséquences en comparaison avec les risques industriels (des centaines de millions de victimes dans un proche avenir ?).

Au nom de tous ces risques, faut-il plutôt prioritairement sortir du pétrole, du gaz, du charbon ?

À partir de ces exemples, on comprend que si on généralise le raisonnement que nous faisons souvent avec le nucléaire il faudrait « sortir de tout », hydraulique, chimie, biologie, gaz, pétrole, charbon, ce qui pose tout de même un gros problème.

Par ailleurs, il ne faut jamais oublier que sortir de certains risques (par exemple le risque du nucléaire) c'est parfois entrer dans d'autres risques majeurs, qui ne sont d'ailleurs plus vraiment de simples

---

58. https://fr.wikipedia.org/wiki/Laboratoire_P4

risques, mais des dangers avérés avec des conséquences certaines (les pollutions quotidiennes, le réchauffement climatique, la pénurie d'énergie...). En effet, aujourd'hui, et l'Allemagne le démontre à grande échelle, *sortir du nucléaire* implique forcément d'*entrer dans le charbon et le gaz*. Avec le cas allemand, la fable du nucléaire remplacé par de l'éolien et du photovoltaïque, le tout accompagné d'une diminution de la consommation, ne fait plus illusion : ce que les professionnels clament depuis des années finit par s'imposer comme une évidence. On se débarrasse du risque nucléaire pour mieux embrasser les conséquences du charbon et du gaz.

Tous ces éléments doivent être débattus démocratiquement. Car, après tout, si les citoyens en ont conscience et qu'ils décident malgré tout de « préférer » les risques et pollutions quotidiennes liés aux énergies fossiles, avec toutes leurs conséquences globales, plutôt que le risque nucléaire, c'est la démocratie qui s'exprime, et ce sera alors une décision légitime. Par contre, ce qui est illégitime, c'est de mettre en avant uniquement les risques du nucléaire, de faire peur en taisant les problèmes que posent les autres alternatives.

Le nucléaire militaire

C'est le grand absent des débats. Songeons qu'en juin 2013 un missile balistique a explosé au dessus de la Bretagne[59], ce qui a surpris ses habitants, missile à 120 millions d'euros pièce. Évidemment, la charge nucléaire n'était pas présente, mais il est étonnant que cela n'ait pas provoqué de réactions, ni même de « chaîne humaine » contre le nucléaire militaire comme on sait si bien le faire devant les centrales d'EDF... En attendant, des mots d'ordre étaient lancés pour déboulonner des pylônes de lignes haute tension afin de protester contre la construction de l'EPR de Flamanville.

Étonnant également que dans les débats on soit systématiquement sommé de s'expliquer sur les dépenses en recherche liées au

59. http://www.franceinfo.fr/actu/faits-divers/article/l-armee-se-rate-et-detruit-un-missile-m51-au-dessus-de-la-bretagne-250445

nucléaire civil et que, curieusement, il n'y ait jamais de questions concernant les dépenses autour du nucléaire militaire. Pourtant, il est tout de même étonnant de jeter toute son énergie contre le nucléaire civil et d'être complètement démobilisé sur la question militaire ! On a d'un côté une énergie qui rend un service considérable à la société et de l'autre des instruments de guerre destinés clairement à provoquer le plus de dégâts et de morts possibles ! En France et dans nos sous-marins, on a de quoi faire sauter plusieurs fois l'Europe sous nos pieds, et ce serait le nucléaire civil qu'il faudrait prioritairement combattre ?

Tout le monde connaît le nom de Flamanville ou de Fessenheim… Combien ont déjà entendu parler du programme Barracuda[60]? Il s'agit pourtant d'un grand programme de renouvellement de la flotte de sous-marins nucléaires, qui se chiffre en milliards. Pendant ce temps-là, on demande la fermeture de la centrale de Fessenheim en avançant des raisons de sécurité[61] : cette priorité dans les mobilisations antinucléaire a de quoi vraiment étonner.

Faire avancer le débat

Vendre des centrales, c'est donner la bombe aux pays !

Il n y a pas d'automaticité, il y a des pays qui ont la bombe mais pas de centrale, Israël par exemple. Et d'autres, plus nombreux, qui ont des centrales mais pas la bombe : l'Allemagne, l'Espagne, la Suisse, le Brésil, l'Afrique du Sud, la Corée du Sud. En réalité, centrale ou pas, lorsqu'un pays veut la bombe, il peut se la procurer par de multiples moyens : il lui faut une usine d'enrichissement ou un combustible hautement enrichi, et aussi tout le savoir-faire pour se procurer les détonateurs et le lanceur. C'est une question avant tout politique, qui est très préoccupante, mais qui ne se résout pas à

---

60. http://www.defense.gouv.fr/marine/enjeux/renouvellement-des-moyens/sous-marin-nucleaire-d-attaque-barracuda

61. Précisons sur ce point que l'Autorité de sûreté nucléaire (ASN) ne considère pas qu'il y a vraiment un problème de sécurité pour cette centrale.

et déplace des populations *chaque année* (mines à ciel ouvert notamment[66]). Ne parlons pas de la dizaine de milliers de morts, *chaque année,* du fait d'accidents dans les mines ni des maladies respiratoires des mineurs. Ce type d'impact est sans commune mesure avec celui du nucléaire : en une année, le charbon fait plus de morts que tous les accidents nucléaires réunis[67]. Si nous adoptions une unité de mesure pour ces événements – et que nous l'appelions le « fukushima » –, on se rendrait compte que ce sont des dizaines de fukushimas qui ont lieu *chaque année* du fait des pollutions, déplacements de personnes et nombre de victimes (en l'occurrence pour le nombre de victimes, cela se compterait plutôt en centaines de fukushimas par an[68]).

Les radiations atomiques, c'est tout de même particulier, c'est invisible, et il suffit d'en recevoir un peu… et on développe forcément un cancer. On ne voit pas ça dans la nature, c'est une création de l'homme. On joue dangereusement avec les règles de la nature !

C'est un sujet difficile, car on a tous en tête les conséquences terribles de l'accident de Tchernobyl, les cancers induits par l'exposition à de forts rayonnements de centaines de milliers de personnes, l'explosion du nombre de cancers de la thyroïde chez les enfants en Ukraine, l'étendue des zones contaminées. Le bilan est maintenant clairement établi pour cette catastrophe (4 000 morts selon l'OMS, toutes générations confondues [rapport de 2006]), et il est suffisamment grave pour nous faire comprendre – l'accident chimique

66. http://geopolis.francetvinfo.fr/ouverture-dune-gigantesque-mine-de-lignite-en-allemagne-20669

67. Entre 10 000 et 20 000 morts chaque année dans le monde. « Les dangers du charbon (autres que l'effet de serre) », Bernard Durand, 2012 (http://www.sauvonsleclimat.org/etudeshtml/les-dangers-du-charbon/35-fparticles/950-les-dangers-du-charbon.html).

68. Voir pour le bilan sanitaire de Fukushima le rapport de l'ONU de 2015 (voir note 52).

de Bhopal[69] (1984) est là aussi pour nous le rappeler – qu'il faut tout faire pour que cela ne se reproduise pas (voir clé nº 7). Mais il faut en parler, préciser les ordres de grandeurs et les phénomènes en jeu, pour éviter l'instrumentalisation des peurs et ne pas en tirer des conclusions erronées. La peur est mauvaise conseillère ici aussi.

Rappelons tout d'abord que nous sommes en permanence baignés dans un flot continu de radioactivité. La radioactivité naturelle provient des éléments radioactifs présents dans nos sols : potassium, thorium, uranium, etc., présents en quantités plus ou moins importantes selon les régions. Ainsi, à Paris, un habitant reçoit par an l'équivalent d'une dose de 2,5 millisievert (mSv), le sievert étant une unité mesurant une quantité de radiation en tenant compte de l'impact réel qu'elle peut avoir sur la santé de l'homme. À Clermont-Ferrand, un habitant reçoit chaque année 5,5 mSv, soit une dose deux fois plus importante que celle d'un Parisien. Cela ne veut pas dire qu'il faut évacuer tous les habitants du Massif central en urgence et ne plus faire de tourisme dans cette belle région : aucun danger, c'est le niveau de dose qui fait le poison, nous ne le répéterons jamais assez.

Prenons d'autres exemples pour nous plonger dans la compréhension des ordres de grandeur : des millions d'habitants du Kerala, en Inde, reçoivent des doses annuelles comprises entre 15 et 75 mSv chaque année, soit jusqu'à 20 fois plus de radioactivité qu'un Parisien. Insistons bien : le Kerala n'est nullement victime d'une immense décharge de déchets nucléaires à ciel ouvert clandestine ou d'un scandale sanitaire d'ampleur mondiale, non ; le phénomène tient tout simplement à des causes complètement naturelles : la composition des roches de cette région. Soulignons que plusieurs études ont montré qu'il n'y a pas de surplus de cancers par rapport à une population de la même région recevant des doses comparables à la moyenne mondiale. De même dans le nord de l'Iran, les habitants de

69. Environ 10 000 morts reconnus officiellement, 20 000 selon les associations de défense des victimes.

la région de Ramsar reçoivent des doses annuelles d'un niveau allant jusqu'à 260 mSv[70]! Beaucoup de recherches sont réalisées pour ces deux derniers cas particuliers qui intéressent grandement les médecins spécialistes dans le domaine des effets des radiations sur la santé.

Insistons sur l'unité, le sievert (Sv) : une cellule qui reçoit une quantité de sieverts ne fait pas de distinction entre l'origine naturelle ou non du rayonnement pour éventuellement muter et provoquer un cancer dans l'organisme. Prenons le cas d'une personne qui reçoit une surdose de 3 mSv/an due à une présence granitique forte dans une région où elle va séjourner pendant un an (un Parisien qui part vivre à Clermont-Ferrand, par exemple) et celui d'une autre personne qui reçoit ce même surplus de dose (3 mSv/an) parce que toute l'année elle a manipulé, dans le cadre d'une activité médicale, des produits radioactifs : dans ces deux cas, que le rayonnement supplémentaire reçu soit d'origine naturelle ou artificielle, ce sont exactement les mêmes conséquences (potentielles) pour la santé[71].

Les conséquences des radiations sur la santé sont étudiées depuis longtemps, bien avant que la première centrale nucléaire ait été construite. Ainsi, la Commission internationale de protection radiologique (CIPR) a été créée en 1928 ; il est donc faux de dire qu'on ne sait rien, et qu'on a découvert le lien entre les radiations et les cancers seulement depuis Hiroshima ou Tchernobyl. C'est sur la base des travaux de la CIPR que sont construites les réglementations qui encadrent les activités fortement exposées aux rayonnements (personnel navigant dans l'aviation, nucléaire civil, médecine, etc.).

On sera étonné également par la précision des mesures des radiations. Cela est dû au fait que les appareils à disposition sont capables

70. Niveau de radioactivité exceptionnellement élevé, essentiellement dû au radon (élément chimique) apporté à la surface terrestre par des sources chaudes (lesquelles sont très prisées par les habitants et les touristes) ainsi que des dépôts contenant des niveaux élevés de thorium et un peu d'uranium.

71. Conséquence complètement nulle pour ce niveau de dose.

de détecter les variations même les plus infimes. C'est pour cette raison d'ailleurs que les rejets radioactifs d'accidents qui se sont produits à des milliers de kilomètres peuvent être détectés et mesurés en France. Et même une petite quantité de produits radioactifs destinés à un usage médical (l'iode 131, par exemple) qui est rejetée accidentellement peut être détectée à des milliers de kilomètres[72]. Ces appareils sont tellement sensibles, qu'ils sont capables de mesurer le rayonnement d'un seul atome parmi un million de milliards d'autres atomes inactifs ! En comparaison, un poison très toxique (comme l'arsenic) ne peut être détecté chimiquement que s'il est concentré un milliard de fois plus[73] ! Cela impressionne beaucoup et cela participe, il faut le dire, à l'image d'exceptionnalité des pollutions lorsqu'on parle du nucléaire, alors qu'on ne détecte presque rien pour un accident équivalent dans le domaine de la chimie. Aucun chance, par exemple, de détecter les conséquences de l'accident chimique de Tianjin (août 2015, en Chine) à des milliers de kilomètres, qui pourtant a des conséquences au moins aussi graves que l'accident de Fukushima.

Il faut bien sûr tenir compte du débit de dose : 20 mSv reçus en quelques secondes par une personne n'ont pas les mêmes conséquences sur la santé que cette même dose reçue sur une période étalée d'un an. Tout cela, encore une fois, est bien renseigné ; et même si, comme dans toute discipline scientifique, il demeure des controverses, cela n'invalide pas les résultats d'ensemble ni les ordres de grandeur dans un domaine fort d'une expérience de près d'un siècle d'étude.

---

72. Cas de la détection en France d'iode 131, isotope radioactif destiné à des applications dans le domaine médical, à la suite d'un rejet accidentel à l'Institut des isotopes de Budapest, en Hongrie, en novembre 2011. On ne dispose pas d'appareils aussi sensibles dans le cadre de la chimie, par exemple, pour détecter des traces de mercure dues à un accident dans une usine située à plusieurs milliers de kilomètres. Source : IRSN, « Traces d'iode 131 dans l'air venant de Hongrie », note d'information (http://www.irsn.fr/FR/Actualites_presse/Actualites/Pages/20111130-Traces_iode_131_air_venant_de_Hongrie.aspx#.VxatshbrGQs).

73. http://www.laradioactivite.com/site/pages/Sensibilite_Detection.htm

Ci-dessous, des ordres de grandeur de doses (en mSv) et le contexte dans lequel elles se situent.

20 000 mSv (soit 20 Sv) en quelques heures : dose mortelle reçue par deux ouvriers (décédés) lors de l'accident à l'usine de retraitement de l'uranium de Tokai Mura, île de Honshu, Japon, en 1999.

5 000 mSv (soit 5 Sv) : dose mortelle, 50 % de décès pour ceux qui y sont exposés.

1 000 à 16 000 mSv (soit de 1 à 16 Sv) : dose reçue en quelques jours par le personnel de la centrale de Tchernobyl resté sur place au moment de l'accident et par les soldats intervenus en urgence lors de la catastrophe (déversement de sable depuis les hélicoptères, personnel intervenant au sol[74]...).

500 mSv : dose reçue par les survivants d'Hiroshima (essentiellement lors des mois qui ont suivi l'explosion).

150 mSv : dose reçue par les 200 000 personnes (dites les « liquidateurs ») intervenues sur le site de Tchernobyl durant les deux ans suivant la catastrophe.

100 mSv/an : dose due à un séjour de un an dans la station spatiale internationale.

80 mSv/an : dose liée à l'inhalation de la fumée par une personne consommant 1,5 paquet de cigarettes par jour (du fait du polonium radioactif naturellement présent dans le tabac).

---

74. Sur les 163 personnes recensées ayant été lourdement exposées, 39 sont mortes aujourd'hui, dont 28 dans les semaines qui ont suivi l'accident. Pour rappel, l'étude épidémiologique de l'OMS en 2006 estime à 4 000 le nombre de décès dus à la catastrophe dans la population (voir clé n° 6).

15 à 75 mSv/an : dose à laquelle sont exposés plusieurs millions d'habitants au Kerala (Inde).

30 à 50 mSv/an : exposition dans les zones (interdites) les plus contaminées de Fukushima, d'une superficie d'environ 200 km^2 (mesures effectuées les semaines suivant la catastrophe en 2011, voir carte ci-dessous).

Mesure de la radioactivité (en mSv) dans la région de Fukushima, entre le 30 mars et le 3 avril 2011.

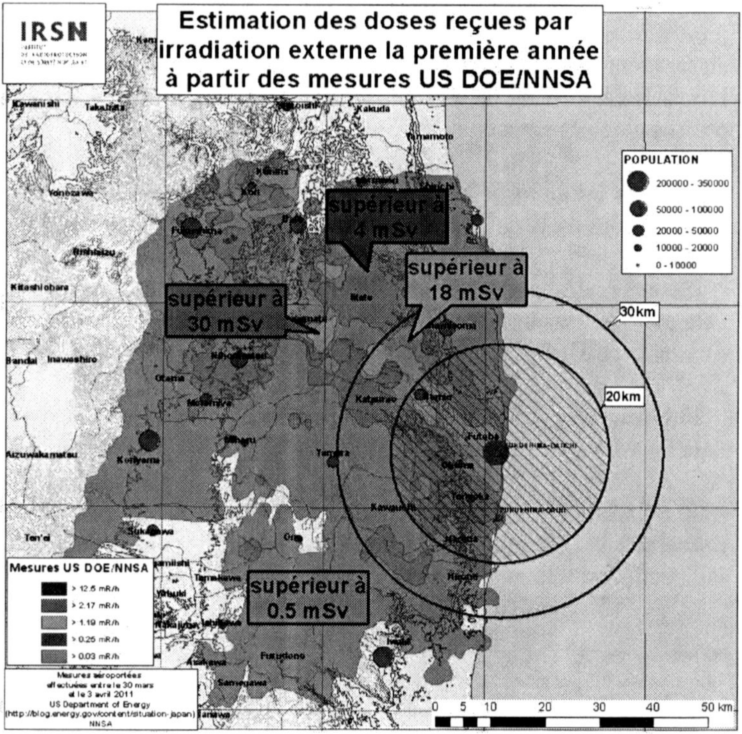

Source : IRSN.

4 à 18 mSv/an : exposition dans les zones moyennement contaminées de Fukushima, d'une superficie d'environ 800 km^2, zones où il est prévu un retour progressif des populations (mesures effectuées les semaines suivant la catastrophe en 2011, voir carte ci-dessus).

1 à 40 mSv/an : exposition des populations vivant dans des zones à proximité de Tchernobyl (suivant le degré de contamination des sols), en Ukraine.

20 mSv/an : limite autorisée pour les personnels en France travaillant dans le nucléaire.

9 mSv : une séance de scanner à l'hôpital (durée quelques minutes).

1,5 à 6 mSv/an : irradiation naturelle en France (Paris : **2,5 mSv/an**, Clermont-Ferrand : **5,5 mSv/an**).

2,5 mSv/an : exposition moyenne aux radiations naturelles dans le monde.

1 mSv/an : limite autorisée pour l'exposition du public aux rayonnements artificiels.

1 mSv/an : exposition annuelle due aux examens médicaux en France.

0,5 mSv : dose maximale reçue en France durant toute l'année 1986 du fait du passage du nuage de Tchernobyl dans les zones les plus touchées (**1,5 mSv** : dose cumulée pour une période allant de 1986 à 2046[75]).

---

75. 2046, ce n'est pas une erreur : il est possible, en fonction des niveaux et du rythme de décroissances de la radioactivité, de faire ce genre de projection (http://ecolo.org/documents/documents_in_french/TchernoJR-11_01-Aurengo/TchernoJR-11_01-Aurengo.htm).

0,25 mSv/an : dose limite retenue par l'Andra (Agence nationale pour la gestion des déchets radioactifs) dans le scénario le plus pénalisant pour l'évaluation de la performance du stockage des déchets radioactifs en couche géologique profonde.

0,1 mSv/an : recommandations de l'OMS sur les critères de potabilité de l'eau de boisson.

0,2 mSv/an : exposition induite par la radioactivité naturelle du corps humain, quelle que soit la corpulence de l'individu et la région géographique où il se trouve.

0,03 mSv : dose totale reçue lors d'un vol Paris - New York.

0,01 à 0,02 mSv/an : exposition moyenne liée à la production d'électricité par l'énergie nucléaire (extraction et traitement de l'uranium, fonctionnement des réacteurs, rejets et déchets).

Clé n° 8

Aspects économiques

Ce qu'il faut retenir

Beaucoup de chiffres circulent sur les coûts de production de l'énergie électrique. Afin d'y voir un peu plus clair, nous donnons ci-dessous les coûts de production établis, respectivement, par la Cour des comptes, le rapport « Énergie 2050 », l'UFE (Union française de l'électricité) et la DGEC (Direction générale de l'énergie et du climat) ; et enfin le tarif d'achat en vigueur, suite à la loi NOME (Nouvelle Organisation du marché de l'électricité), pour l'électricité nucléaire et le tarif d'obligation d'achat de l'électricité produite à partir des énergies renouvelables.

Coût de production du MWh d'électricité en euros, par type d'énergie

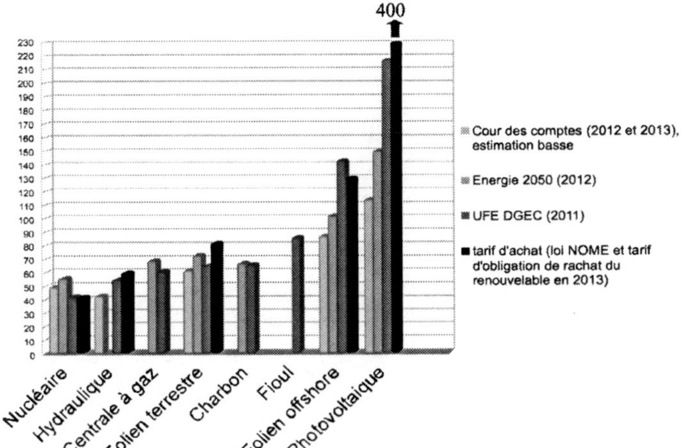

Ces derniers tarifs, indiqués en noir sur le graphique, donnent déjà une information fiable, à savoir le coût maximal réel. En effet, si EDF vend dans le cadre de la loi NOME son électricité nucléaire à 42 € le mégawattheure, cela indique que le coût réel, le nucléaire dit « historique », c'est-à-dire provenant du parc de réacteurs largement amorti depuis des années, ne va pas au-delà. Le coût réel, est-il proche de 35 € ? de 40 € ? C'est certainement un des secrets les mieux gardés de France. *Idem* pour le tarif de rachat du mégawattheure provenant de l'éolien terrestre : 80 €, prix auquel EDF est obligée d'acheter cette électricité sur une période de plusieurs années ; il y a donc forcément une marge de profit laissée aux investisseurs privés, donc on peut raisonnablement penser que c'est également une limite supérieure.

Pourquoi cette prudence dans l'annonce de ces coûts ?

Il se trouve qu'il y a peu de transparence sur ces questions. Si on regarde le rapport de la DGEC de 2008, par exemple, on notera que la comparaison nucléaire, charbon, gaz, se fait en rapport avec une base 100 pour le nucléaire, sans donner son coût réel (qui n'est évidemment pas de 100, c'est une simple base). Et ce fait est clairement assumé par les auteurs en invoquant le secret d'entreprise (même lorsqu'elle reste majoritairement publique).

Quelques commentaires face à ces chiffres :

– Ici nous avons le coût de production en sortie de centrale, il faut ajouter à cela le coût lié au réseau et à la distribution pour avoir le coût réel à la sortie de nos prises électriques. Ce coût de production représente ainsi à peu près le tiers du prix de l'électricité qui figure sur nos factures.

– Le coût lié au réseau, que nous assumons collectivement à travers nos factures d'électricité pour l'ensemble du réseau de France, est aussi en rapport avec le type d'énergie choisi. Pour des systèmes « centralisés», c'est-à-dire des centrales de production importantes mais localisées dans des zones bien déterminées (quelques hectares), le réseau à construire sera moins important que pour des productions diffuses, dites « décentralisées ». Ainsi, le développement du solaire photovoltaïque nécessite de développer beaucoup plus les réseaux, ce qui constitue un surcoût qui n'est pas répercuté dans leur coût « officiel » de rachat (déjà élevé). La Cour des comptes a chiffré à 5,5 milliards d'ici à 2020 le coût de l'adaptation du réseau à la dispersion des milliers de petites unités de production[76]. Remarquons que ce terme d'« énergie décentralisée » est trompeur, et n'est pas toujours adéquat si on prend l'exemple de zones géographiques particulières concentrant plusieurs centaines, voire plusieurs milliers d'éoliennes, et dont il va falloir transporter l'électricité vers les lieux de consommation. C'est le problème qu'ont à surmonter les Allemands, qui doivent construire pour 40 milliards d'euros de lignes haute tension pour transporter sur 1 500 km l'électricité des parcs éoliens offshore de la mer du Nord jusqu'au sud de l'Allemagne (lieu de consommation)[77].

– L'aspect « coût du système » est également très important. En effet, l'exemple de l'éolien montre qu'on est obligé pour une puissance donnée installée de prévoir la même puissance en centrale à gaz capable de démarrer rapidement pour faire face à l'absence de vent. Ce qui fait doublon dans la puissance installée, et qui renchérit le coût de l'électricité par rapport à une centrale classique qui fonctionne toute l'année et qui n'a pas besoin d'être « aidée ». Cet aspect-là n'est pas répercuté dans le coût affiché, mais, au final, l'est sur la facture des consommateurs par une élévation générale du prix de l'électricité. C'est ce qui explique en

---

76. « La politique de développement des énergies renouvelables », 2013 (https://www.ccomptes.fr/Actualites/Archives/La-politique-de-developpement-des-energies-renouvelables).

77. Centre d'analyse stratégique, « La transition énergétique allemande est-elle soutenable ? » (http://archives.strategie.gouv.fr/cas/system/files/2012-09-11_-_transition_eunergeutique_allemande-na281.pdf).

partie que l'électricité allemande est presque deux fois plus chère que l'électricité française[78]. Rappelons qu'en Allemagne il y a une puissance installée en éolien et photovoltaïque qui est équivaut à tout le parc électronucléaire français[79] (!). Mais dans ce pays, ce déploiement extraordinaire de puissance ne parvient à produire que 15 % de l'électricité, et doit être doublé d'une puissance au moins équivalente en cas d'absence de vent et de soleil (une nuit d'hiver par exemple).

– Pour être complet, il faudrait aussi intégrer dans le coût, en plus de celui directement lié à l'investissement pour construire les moyens de production et l'achat du combustible, le coût du démantèlement et celui du traitement de toutes les pollutions et des déchets. Contrairement à une vulgate répandue, c'est la production électronucléaire qui est la plus avancée dans cette démarche d'intégration de tous ces aspects. Le coût du démantèlement et du traitement des déchets nucléaires est en effet bien inclus dans notre facture ! (environ 5 % du coût du kilowattheure)[80]. Rappelons que c'est un des rares secteurs dans l'industrie qui pousse la logique jusqu'à prévoir la remise au vert du site. Il n'y a pas d'équivalent pour les nombreuses entreprises qui ferment tout en laissant à la collectivité le soin de dépolluer le site qu'elles ont occupé.

– Il faut parler de la répartition du coût de l'électricité entre le coût fixe (construction, démantèlement) et les coûts variables (fonctionnement, combustible). Pour les centrales nucléaires, ce qui fait le coût de l'électricité c'est avant tout le coût de la

---

78. En 2014, 0,18 €/kWh pour un ménage français, contre 0,30 € pour les Allemands (http://ec.europa.eu/eurostat).

79. 70 GW de puissance installée en photovoltaïque et éolien en Allemagne, contre 63 GW de nucléaire en France (*source :* RTE, 2013).

80. Rapport de la Cour des comptes « Les coûts de la filière électro nucléaire », 2012, (https://www.ccomptes.fr/Publications/Publications/Les-couts-de-la-filiere-electro-nucleaire).

centrale, l'investissement initial. Pour les centrales à gaz c'est avant tout le prix du gaz qui fait le coût. En effet, pour une puissance équivalente, une centrale à gaz coûtera 5 fois moins cher qu'un réacteur de type EPR[81] (qu'on peut estimer à 5 milliards d'euros l'unité en supposant qu'on bénéficiera de l'effet de « série » et d'apprentissage après le premier EPR de Flamanville). En revanche, sur la durée, l'électricité d'origine nucléaire produite sera bien moins chère que pour la centrale à gaz, à cause du coût du gaz et de son importance dans la composition du prix. Pour résumer : le nucléaire et l'hydraulique sont très chers au départ, mais une fois amortis sur la durée ils sont imbattables sur le plan du coût et du bénéfice pour la société. Dit autrement : si on recherche la rentabilité à court terme, il faut fuir le nucléaire et l'hydraulique (du fait du coût de l'emprunt et du temps long de retour sur investissement), et leur préférer le gaz, les nouvelles énergies renouvelables à tarif de rachat garanti sur plus de vingt ans et dont sont friands les investisseurs privés, voire investir dans le charbon vu le bas prix actuel de cette matière première. Ce qui montre l'utilité d'avoir de grandes entreprises publiques et un service public qui investissent sur le long terme dans l'intérêt de la société, en recherchant la cohérence du système, chose que ne fera jamais le secteur privé, dans son développement anarchique de milliers d'unités de production et dont la priorité est la rentabilité à court terme.

Et le pétrole, le gaz et le charbon dans tout cela ?

Ce sont les grands absents des débats ! Pourtant pétrole, gaz et charbon, c'est plus de 55 milliards d'euros d'importations en 2014, et près des 75 % de notre consommation (rappelons que l'électricité ne représente qu'à peine 20 % de notre consommation), soit 3 %

---

81. Dominique Finon, « Les conditions de l'investissement nucléaire en environnement de marché », *in Revue de l'énergie*, n° 510, mai-juin 2006 (http://www2.centre-cired.fr/IMG/pdf/11_Nucleaire_inv_marche.pdf).

du PIB. Pour donner une idée de l'immensité de ce chiffre, sachez que le réacteur de Flamanville, qui fait régulièrement la une des journaux, représente à peine – retards et déboires sur le chantier compris – le montant de six semaines d'importation d'hydrocarbure ! Toutes les six semaines on pourrait financer l'équivalent d'une grosse unité qui produirait *en France* pendant soixante ans de l'électricité pour 2 millions de personnes, et avec de l'argent dépensé *en France* (donc des emplois *en France*). Cela surprend compte tenu de l'hypervirulence des débats sur les coûts qui se focalisent uniquement sur l'électricité alors que les gros navires pétroliers et les méthaniers débarquent tous les jours, silencieusement, des millions de tonnes d'hydrocarbure dans les grands ports de France. Et ne parlons même pas des infrastructures : de grands ports méthaniers sont en construction un peu partout en France, sans que cela provoque des réactions équivalentes à ce que l'on connaît pour le chantier de Flamanville. C'est le même déséquilibre que nous avons avec les questions de santé et d'environnement : tout se focalise sur l'électricité, et particulièrement le nucléaire.

Et l'indépendance énergétique ?

Le nucléaire participe indéniablement de l'indépendance énergétique. En effet, même si l'uranium est importé, les sources d'approvisionnement sont beaucoup mieux réparties dans le monde que pour les hydrocarbures : Afrique, Canada, Australie, Amérique du Sud. Aucune région ne peut prétendre détenir les clés de l'approvisionnement mondial de ce minerai et déclencher un « choc de l'uranium » comme il y eut un « choc pétrolier ». En outre, du fait de l'extraordinaire concentration d'énergie présente dans l'uranium, le volume de combustible à stocker pour faire des réserves est ridiculement bas en comparaison de son équivalent en hydrocarbure. Ainsi la France peut-elle faire des réserves en uranium pour plusieurs années sur son sol et se tenir à l'abri du « yo-yo » du marché sur ce minerai, ce qu'elle ne peut pas faire pour le gaz ou le pétrole (la France ne dispose de réserves de pétrole stocké que pour couvrir la consommation de quelques mois). Et dernier aspect : l'uranium ne pèse que quelques points pour cent sur le coût de production de l'électricité ; aussi, même en cas de doublement ou de triplement du prix de l'uranium (ce qui s'est déjà produit), l'impact reste minime. Ce n'est pas le cas du gaz, où le combustible entre pour plus de 60 % dans le coût total de production de l'électricité[82]. Un simple doublement du prix du gaz se fait alors douloureusement sentir…

C'est pour toutes ces raisons qu'on peut dire qu'en France le nucléaire permet de réduire la dépendance énergétique.

Faire avancer le débat

Le coût du démantèlement des centrales et du stockage des déchets a été sous-estimé : le nucléaire reste une aberration économique.

Ici nous allons aborder plusieurs idées qui circulent, qui tournent autour du coût prétendument « pharaonique et ruineux » du nucléaire : coût du démantèlement, de la gestion des déchets, de la construction des centrales…

La difficulté dans ce genre de questions c'est qu'il faut démêler le vrai du faux dans tout ce qu'entendent les citoyens dans les médias et parmi les ONG antinucléaires. Ce sont de vraies questions souvent, qui demandent une grande vigilance : par exemple le montant réel provisionné par EDF pour le démantèlement. L'utilisation de ces fonds réservés ainsi que leur contrôle sont de vrais enjeux. Les organisations syndicales ont ainsi de nombreuses fois dénoncé et alerté sur l'utilisation que faisait EDF de ces fonds pour d'autres fins que pour les postes de démantèlement et la gestion des déchets[83], rejoignant ainsi les conclusions de la Cour des comptes.

---

82. Rapport de synthèse « Coût de référence de la production d'électricité », ministère de l'Énergie, 2008.

83. Voir l'analyse de Sylvestre Huet à ce sujet *in* « La Cour des comptes et le coût du nucléaire », 2 février 2012 (http://sciences.blogs.liberation.fr/home/2012/02/la-cour-des-comptes-et-le-coût-du-nucléaire.html).

Mais trop souvent ces sujets très sérieux sont instrumentalisés et traités de façon extrême pour faire valoir une thèse contre une autre. Il faut pourtant raison garder et avoir en tête que dans ce cas précis il s'agit de sommes globales, qui impressionnent certes par leur importance mais dont la dépense est répartie sur une longue période, et avec un service rendu pour la société qui n'est pas des moindres : fournir de l'électricité à un pays de 60 millions d'habitants pendant des dizaines d'années. Le simple fait de diviser tous ces chiffres, aussi impressionnants soient-ils, par la quantité d'électricité qu'a produite et continuera de produire le système montre que cela représente à peine quelques pour-cent du prix du kilowattheure, selon les derniers rapports de la Cour des comptes (2012). Et rappelons qu'ils ont bien été pris en compte dans la facture d'électricité que nous payons tous. Dit autrement : rapporté au kilowattheure, cela fait « pschitt ». Ainsi, même si les prévisions de dépenses sont sous-estimées du double ou du triple, ce sera problématique, mais pas au point d'être rédhibitoire et motif à disqualifier le nucléaire.

Pour faire un parallèle : nous avons le même type de campagne contre le système des retraites par répartition ou la Sécurité sociale, avec régulièrement des annonces fracassantes de montants astronomiques à payer dans le futur, en oubliant le facteur « longue durée », le fait qu'il est question de prestations bénéficiant à des millions de personnes et que ce sont des dépenses légitimes. Ces attaques, qui ne sont pas innocentes, sont très efficaces, car les chiffres donnés sans aucun recul impressionnent et font peur.

On ne sait pas démanteler une centrale… Le chantier du démantèlement du réacteur de recherche à Brennelis, en Bretagne, traîne depuis des décennies et son coût explose !

Il est faux de prétendre qu'on ne sait pas démanteler et que le coût d'un démantèlement n'est pas maîtrisé.

En effet, le cas du réacteur de Brennilis est assez particulier : s'il n'avance que lentement vers le démantèlement total, c'est parce qu'il n'y a pas que des problèmes techniques dus à la spécificité du réacteur[84], il y a aussi une réglementation en la matière – qui a changé plusieurs fois durant les dernières décennies – ainsi qu'une multiplication de recours juridiques par des associations qui ne se cachent pas d'être hostiles au nucléaire. Ces recours en série vont de manière évidente contribuer à faire exploser le budget du démantèlement de la centrale, et il sera facile après d'en tirer des conclusions erronées sur le coût des démantèlements, ce dont les médias, qui citent souvent cet exemple, ne se privent pas, …

Pourtant, aucun média ne fait mention de l'expérience réussie du chantier de démantèlement à Grenoble de plusieurs réacteurs de recherche[85], qui a coûté au total 300 millions d'euros, conformément à ce qui est prévu dans les provisions d'EDF et collecté à travers nos factures pour une opération de ce type. En effet – et nous ne le répéterons jamais assez – le montant du démantèlement est prévu dans nos factures, et il ne représente que quelques pourcents du prix de l'électricité.

Citons aussi les États-Unis, où des chantiers de démantèlement de réacteurs du même type que ceux qui existent en France (à l'origine, les réacteurs français étaient de conception états-unienne) ont été menés à bien et avec un coût conforme aux estimations françaises[86]. Ainsi, le démantèlement des réacteurs de Maine Yankee, Connecticut Yankee et Trojan a coûté, pour chaque site, environ 500 millions de dollars, et les opérations ont duré moins de dix ans. Il serait intéressant de tenir compte de ces expériences dans les reportages souvent à charge contre le nucléaire, or on n'en trouve aucune mention dans les médias.

---

84. Un réacteur à graphite, plus compliqué à démanteler que les réacteurs à eau pressurisée (ceux qui produisent notre électricité).

85. CEA, « Le démantèlement des installations nucléaires du centre CEA de Grenoble », dossier de presse, 2013 (http://www.sauvonsleclimat.org/images/articles/pdf_files/cr_cli/CENG-Denuclearisation-27022013.pdf).

86. « Audit sur les modalités d'évaluation des charges brutes permettant le calcul des provisions de déconstruction des réacteurs d'EDF en cours d'exploitation », 4 août 2015 (http://www.developpementdurable.gouv.fr/IMG/pdf/061015_Resume_non_technique_diffusable_Version_a_publier.pdf).

On pourra toujours objecter que 300 millions d'euros pour un seul chantier de démantèlement reste une somme démesurée, mais rappelons qu'un tel montant, rapporté à la quantité d'électricité produite par le réacteur durant toute sa vie, correspond à quelques pourcents du prix de l'électricité que nous payons. Notons par ailleurs que le niveau élevé de la somme s'explique par la spécificité du chantier, qui impose des exigences très strictes de sécurité et de dépollution. La logique de « remise au vert » du site, avec un très important niveau d'exigence et un coût intégré bien en amont, est rare dans l'industrie. Pour la plupart des biens de consommation que nous achetons, il n'est pas prévu, dans le prix que nous payons (ni dans les profits reversés aux actionnaires...), le coût du démantèlement futur de l'usine qui l'a produit ni la dépollution du site où elle est ou a été installée : le plus souvent, lorsqu'une usine ferme, c'est à la collectivité qu'il revient de dépolluer le site...

La France ne soutient pas les énergies renouvelables... Elle est d'ailleurs très en retard.

C'est à la fois vrai et faux.

Vrai car aujourd'hui il n'y a pas vraiment de soutien au développement d'une industrie capable de produire des panneaux solaires et des éoliennes : pratiquement tout est importé de l'étranger, y compris la maintenance et l'installation. De même pour une improbable filière industrielle française qui fabriquerait en masse des chauffe-eau solaires, des pompes à chaleur, des chaudières à haut rendement. Mais c'est là un problème général qui touche à l'absence de politique industrielle volontariste en France.

Faux pour le retard, car la part des énergies renouvelables dans le bilan en France est sensiblement égale à celle qu'affiche l'Allemagne, entre 10 et 15 % selon les années[87].

---

87. Cela varie en fonction des années et des conditions météorologiques : 10 % pour la France, contre 12 % pour l'Allemagne en 2013, par exemple. On peut retrouver aussi des années où la France est légèrement devant. *Source :* Agence internationale de l'énergie.

Faux également concernant un prétendu défaut de soutien, car il y a énormément d'argent injecté dans les renouvelables par le truchement d'obligation d'achat de ces énergies par EDF, et ce à coups de milliards d'euros *chaque année*. Ainsi, les propriétaires d'éoliennes ont la garantie de pouvoir écouler leur production à un tarif de 80 €/MWh alors qu'on sait qu'EDF pourrait produire cette électricité par des moyens classiques à un tarif proche de 40 €. Et l'écart est encore bien plus grand pour le photovoltaïque : jusqu'à 600 €/MWh comme tarif d'obligation d'achat jusqu'à une période très récente. C'est ce qui explique que de nombreux particuliers et gros investisseurs aient saisi cette aubaine, non pas pour inciter à consommer leur propre production et sauver la planète mais simplement pour vendre l'électricité ainsi produite sur le réseau et gagner de l'argent. Une publicité vantant ces investissements juteux est même allée jusqu'à afficher le slogan suivant : « *Si vous ne le faites pas pour la terre, faites-le pour l'argent.* »

La raison première et affichée d'une telle mesure d'obligation d'achat était de donner la priorité au développement de ces énergies en misant sur l'effet de masse qui finirait, pensait-on, par faire baisser le coût de production. Mais, on le comprend, cela a été complètement dévoyé du but premier pour ne devenir qu'une niche à profits de plus, grassement subventionnée. Comment est financée une telle mesure ? Est-ce l'État avec nos impôts qui dédommage EDF ? Non, c'est l'ensemble des usagers d'EDF qui assument ce surcoût au titre de la CSPE (contribution au service public de l'électricité), ligne qui apparaît dans chacune de nos factures. C'est donc nous tous qui payons pour subventionner les centaines de millions d'euros de profits de quelques-uns. C'est en réalité une forme d'impôt qui touche tout le monde indistinctement, comme la TVA, sauf que c'est EDF qui est chargé de le collecter avec la CSPE de nos factures.

L'équivalent du coût total d'un EPR tous les deux ans !

Pour illustrer, quelques chiffres, tirés du rapport de la Cour des comptes « Politique de développement des énergies renouvelables », datant de juillet 2013. De 2005 à 2011, la CSPE a représenté plus de 14 milliards d'euros de surcoût pour, rappelons-le, une production très marginale : éolien et solaire ne produisent respectivement que 2,1 % et 0,3 % de l'électricité nationale en 2011. Et pour la période de 2011 à 2020, il est prévu 40 milliards de prélèvements pour une production certes légèrement supérieure mais qui reste sans commune mesure avec le montant du surcoût. On reviendra sur les retards du chantier de l'EPR de Flamanville, mais, pour donner une idée, nous payons, avec le surcoût des renouvelables, tous les deux ans l'équivalent du coût total de construction de ce réacteur EPR (retard du chantier compris)… C'est bien ce que souligne la Cour des comptes : on a tendance à aider massivement et à coups de milliards des énergies qui ne produisent pratiquement rien et on passe à coté de secteurs beaucoup plus efficaces, notamment celui de la chaleur renouvelable ou celui, prioritaire, du financement de la recherche sur le stockage de l'énergie.

Le coût de l'EPR de Flamanville a explosé par rapport à ce qui était prévu. Le nucléaire est un puits sans fond qui coûte de plus en plus cher.

Rappelons que Fessenheim, premier réacteur à être construit en France, a coûté bien plus cher que les 50 réacteurs qui ont suivi, justement parce que c'était le premier et que, comme pour toute tête de série, il y a l'apprentissage et des surcoûts inévitables. En somme, en 1970, le chantier de Fessenheim était dans la situation de celui de Flamanville aujourd'hui, ce n'est donc pas nouveau. Mais il est vrai aussi que pour Flamanville le surcoût lié à la situation de tête de série n'explique pas tout. Nous payons la perte de savoir-faire dans ce domaine, car le pays n'a plus construit de réacteurs depuis plus de vingt ans et a une génération qui doit tout réapprendre. S'y ajoutent un organigramme peu clair et un montage complexe sur le site, faisant intervenir plus d'une centaine d'entreprises avec une pratique de sous-traitance en cascade. Toute cette organisation orientée vers un seul but : la recherche des coûts les plus bas possibles, quitte à mettre en danger les salariés (même problématique que dans le secteur du bâtiment en général), entraîne de coûteux retards liés à des malfaçons. Il y a donc l'effet d'apprentissage, mais aussi l'absence d'entreprise publique digne de ce nom capable de maîtriser toute la chaîne d'un tel chantier.

On n'inclut pas dans le nucléaire le coût qu'entraînerait un accident en France. Une étude de l'IRSN chiffre ce coût à plusieurs centaines de milliards d'euros… ce qui disqualifie clairement cette énergie.

Il est vrai que l'IRSN s'est livré à un calcul pour évaluer le coût d'un tel accident en France[88]. Elle a ainsi chiffré le coût lié aux déplacements de populations, pertes de terres agricoles, nombre de décès et coûts sanitaires. Elle a aussi évalué les conséquences économiques liées à la baisse du tourisme, à la dégradation de l'image du pays qui entraînerait la chute des exportations des produits français (vin, fromage, lait, céréales). Et, bien sûr, le coût de la perte du réacteur en lui même ainsi que le chantier pour le démolir et l'isoler.

Remarquons que ce même exercice aurait pu être fait pour les conséquences globales qu'entraîneront le réchauffement climatique ou la pénurie précipitée d'énergie pour avoir été trop dépendant du pétrole et du gaz. Et dans les deux exemples cités, ce ne sont plus vraiment des risques mais des événements certains sans le recours au nucléaire (dans l'état actuel de nos connaissances et de nos technologies). Et comme l'étude de l'IRSN adopte une démarche avec « effet de cascade » qui pousse l'exercice jusqu'à l'évaluation des pertes liées à la baisse du tourisme, on pourrait faire de même en allant jusqu'à évaluer les coûts des guerres et des risques que provoqueraient une pénurie d'énergie et le réchauffement climatique. Exercice qui peut également être appliqué à l'éventualité d'une rupture de barrage, et d'un accident d'usine chimique déversant des produits hautement toxiques dans l'environnement. Quel coût pour un fleuve pollué pour des centaines d'années ? On peut aussi affirmer, en suivant la logique de cette étude, que les médicaments ou les produits chimiques en général (c'est-à-dire tout ce qui nous

---

88. Étude rendue le 19 février 2013, consultable sur http://www.irsn.fr.

entoure) ont un coût qui n'inclut pas l'éventualité d'une catastrophe chimique de grande envergure, et qu'il faut donc ouvrir un débat citoyen sur la sortie ou non de la chimie. Il faudrait également faire payer à leur juste prix les vaccins, qui sont élaborés dans les laboratoires de recherche avec le risque de laisser échapper un supervirus décimant une bonne partie de notre pays avec des conséquences qui deviennent incalculables…

Les évaluations sont toujours utiles, mais il faut se méfier des instrumentalisations. Évaluer pour prendre conscience de la nécessité de mesures draconiennes de sûreté pour nos moyens de production, oui, c'est utile. Ici, l'étude est seulement appliquée au secteur du nucléaire, les autres secteurs ne sont pas jugés avec la même sévérité.

Vous nous ressortez la fable de l'indépendance énergétique pour le nucléaire ! C'est faux ! On importe l'uranium d'Afrique et on y mène même des guerres pour cela !

Nous renvoyons aux explications données sur les aspects d'indépendance énergétique (voir page 100). Ajoutons à cela que si vraiment il y a une préoccupation sincère pour une juste rémunération de ce minerai pour des pays comme le Niger, alors soyons clair : personne dans le camp des progressistes ne conteste qu'une renégociation revoyant les prix à la hausse serait juste et légitime. Mais il est important de ne pas mélanger les problèmes. La question de l'exploitation des ressources et de leur paiement au juste prix, et en respectant toutes les normes sociales et environnementales, n'est pas à discuter ; c'est un vrai combat à mener au niveau international.

Il faut alors parler de tous les minerais : cuivre, fer, charbon, or, coltan, diamant, nickel, terres rares, pétrole, gaz, charbon… et même élargir la liste aux produits agricoles, car il existe des exploitations où les conditions de travail sont désastreuses, parfois proches de l'esclavage. C'est un problème général, même les tomates et les kiwis importés sont concernés ! Démarche que les opposants au nucléaire – qui ne sont focalisés que sur les mines d'uranium d'Afrique – omettent de faire. Pourtant, concernant les mines d'uranium du Niger, souvent visées, les clauses sociales et de conditions de travail sont parmi les plus élevées d'Afrique, ce n'est donc pas vraiment là qu'il faudrait agir prioritairement, si on suppose bien sûr que la préoccupation première est bien de défendre les intérêts des travailleurs africains. Cela ne veut pas dire qu'il n'y a pas de luttes à mener : ce que réclament les travailleurs de ces pays, ce n'est pas la fermeture de leur mines mais l'amélioration de leurs conditions de travail et de meilleurs salaires. Sur ce terrain, contrairement aux syndicats comme la CGT, qui fait un vrai travail avec les organisations de travailleurs sur place[89], on n'entend pas vraiment de propositions constructives en France. Il y a bien des commissions d'enquête qui sont lancées au Parlement sur les mines d'uranium, par des courants politiques clairement opposés au nucléaire, dénonçant l'impact sur la santé des mineurs et des riverains, souvent à juste titre, mais malheureusement dans le seul but de démontrer qu'il faut arrêter toutes activités liées au nucléaire, loin du sentiment premier mis en avant de solidarité Nord-Sud avec les travailleurs de ces pays. Et pour preuve : qui s'est ému en France des accidents réguliers dans les mines de charbon d'Afrique du Sud (et plus récemment en Turquie), minerais que nous importons par navires entiers pour le brûler dans nos centrales[90] ? Qui s'émeut de la dizaine de milliers de victimes dans les mines de charbon, chaque année, dans le monde ? Qui se préoccupe des conditions de travail dans les mines pour extraire les terres rares si nécessaires aux aimants des éoliennes et autres composants des panneaux photovoltaïques ? Il ne viendrait jamais à l'idée de personne de disqualifier les énergie renouvelables sous prétexte qu'elles exigent l'utilisation de métaux très rares, uniquement présents dans des continents comme l'Afrique ou l'Asie, et extraits dans des conditions bien plus indignes que celles qu'on observe dans les mines d'uranium citées plus haut. Il ne viendrait jamais à l'idée de mélanger les problèmes

89. Par exemple avec l'Union des syndicats des travailleurs du Niger (USTN).

90. Environ 3 millions de tonnes de charbon sont importés depuis l'Afrique du Sud chaque année.

en associant, par exemple, l'existence des énergies renouvelables avec des régimes autoritaires dans les pays dont sont issus ces matériaux. Et pourtant, impossible de construire des champs d'éoliennes de plusieurs milliers d'unités sans recourir massivement à ces matériaux[91]. D'autre part, l'éolien étant bien dépendant de ces matériaux stratégiques qui ne se trouvent pas en France, on pourrait aussi affirmer que l'indépendance énergétique est un mirage, y compris pour ces énergies. Nous serions dans une attitude tout aussi absurde.

Vous dites que le privé n'est pas intéressé par le nucléaire et l'hydraulique, car il recherche la rentabilité à court terme… C'est faux ! L'exemple anglais le montre et aussi la privatisation en cours de l'hydraulique ! Et avec un prix du mégawattheure proche de 100 € pour les EPR anglais, on est loin du nucléaire « pas cher » !

Il convient de bien comprendre tous ces mouvements en apparence contradictoires. Ce que recherche le privé, c'est la rentabilité à court terme. Et ne l'oublions pas : les banques n'échappent pas à cette règle et prêtent à des taux très élevés si le projet est long à rentabiliser. Ainsi, le nucléaire et l'hydraulique sont très désavantagés du fait de la cherté du crédit et des taux d'intérêt dissuasifs pour ce type de projets[92]. C'est la raison pour laquelle l'EPR anglais n'a pu se vendre qu'en garantissant un rachat sur vingt ans avec un tarif de 100 €/MWh. C'est le coût du crédit, qui est un problème général du système, allergique à tout investissement sur le long terme. Pensons aux nombreux projets industriels qui ne voient pas le jour pour les mêmes raisons. Songeons qu'un projet comme Airbus n'aurait jamais pu voir le jour avec les règles financières et le climat politique actuels (« libre » concurrence, marché

---

91. Voir à ce sujet Bruno Chaudet, « Métaux et terres rares : l'autre problème de la transition énergétique » *in Progressistes* n°2, octobre-novembre-décembre 2013 (revue-progressistes.org), p. 32-33.

92. Amar Bellal, « Nucléaire : quelques éléments et propositions pour le débat », *in Économie et Politique*, juillet-août 2011, p. 684-685.

tout-puissant, libéralisation...). Après tout, si on est convaincu que c'est le marché qui doit décider de ce qui est à financer ou pas, alors oui on peut clairement affirmer que le nucléaire et l'hydraulique deviennent chers, et qu'il faut plutôt lui préférer le gaz, beaucoup plus rentable (ce que choisit en général le marché). Mais si on considère que le financement doit obéir à d'autres critères que la rentabilité à court terme, alors ce qui a été dit précédemment reste valable : le nucléaire et l'hydraulique restent les énergies les moins coûteuses pour la collectivité. Il n'est pas étonnant que le parc nucléaire français ait été développé à une époque où la puissance publique était forte et capable d'investir et d'emprunter à bas taux pour de tels projets sur plusieurs dizaines d'années. Aujourd'hui, les règles ont changé. Cela explique aussi pourquoi peu d'entreprises s'aventurent dans la construction d'une centrale en France, mais se bousculent pour profiter de la manne offerte dans le cadre de la loi NOME qui leur livre 25 % de la production électronucléaire (à un tarif de 42 €/MWh) ainsi que le renouvellement des concessions des barrages hydrauliques. Ce qui a fait dire à certains qu'il s'agissait d'un véritable vol, d'un détournement de moyens de productions publics pour le privé et dont les investissements ont été depuis longtemps largement amortis par nos factures.

Il faut aussi ajouter que, dans le cas anglais, il y a aussi le morcellement du service public, largement privatisé, qui le rend inefficace et source de gaspillage dans ce pays, car ne mutualisant pas les moyens. C'est aussi cela qui explique le gonflement du coût : il y a beaucoup d'intermédiaires à rémunérer, c'est la fable du secteur privé plus efficace que le service public.

Je suis maire d'un village. J'ai accepté des éoliennes sur le territoire de ma commune, on en tire beaucoup de revenus. C'est bien la preuve que ces énergies créent de la richesse et sont une vraie bénédiction !

La baisse de dotation pour les collectivités, injuste et pénalisant l'économie des territoires, met de nombreux élus devant des choix budgétaires difficiles. Ainsi, la tentation est grande de chercher par n'importe quel moyen de nouvelles ressources de financement pour pallier ces baisses. Pour ce qui est de l'implantation d'éoliennes sur une commune, la création de richesse *ex nihilo* dont parle ce maire n'est rien d'autre qu'un détournement d'argent de l'ensemble des usagers qui paient un peu plus cher leur électricité *via* la CSPE (10 % de la facture tout de même…), argent qui se déverse en partie sur sa commune. Ce dont il parle est un simple transfert. Un hold-up, un détournement qui atteindra 40 milliards d'euros d'ici à 2020 (soit 4 milliards par an !). En somme, cette création de richesse correspond à une destruction de richesse et d'emplois équivalant à la perte du pouvoir d'achats de millions de citoyens (du fait du renchérissement de leurs factures électricité). Ce maire peut logiquement remercier les usagers des quartiers populaires qui lui reversent de fait la CSPE, et dont on n'hésite pas à couper le courant s'ils ne paient pas leurs factures !

Clé n° 9

Scénario énergétique en France

Ce qu'il faut retenir

Quel scénario énergétique pour la France ? À défaut de la présentation d'un scénario possible très précis et où on risque de se noyer dans les chiffres[93], on peut choisir de donner de grandes tendances de fond qui pourraient être amorcées, selon trois grands principes, afin de respecter l'engagement dit « facteur 4 » (diviser par 4 les émissions de gaz à effet de serre d'ici à 2050). Tout cela impose du réalisme quant à notre consommation d'énergie, qui doit être limitée partout où cela est possible, sans pour autant tomber dans une pénurie imposée d'en haut, par quelques esprits « éclairés », avec des conséquences sociales lourdes.

Premier principe : modération de la consommation énergétique

D'ici à 2050, un premier défi serait déjà d'enrayer l'augmentation de la consommation d'énergie, pour ensuite se fixer un objectif plus ambitieux, qui serait de viser à sa diminution (- 10 % ? - 20 % ? - 30 % ?). Parler de stabiliser notre consommation, qui s'élève aujourd'hui à 168 Mtep, et non pas d'emblée envisager sa réduction, peut sembler provocateur, ce serait pourtant déjà une belle performance ! Dans une France qui va compter 70 millions d'habitants avec des besoins qui augmentent chaque année, c'est déjà un vrai

93. Pour un scénario détaillé, se rapporter à la fin du texte, où les scénarios Négatep et ceux de l'ANCRE sont évoqués.

défi. Sans oublier que ces dernières années la désindustrialisation a « permis » d'afficher une certaine modération dans la consommation française, modération qui n'est donc pas vraiment due à une bonne raison. Il faut par conséquent ajouter à la démographie le besoin de réindustrialiser le pays, ce qui va demander de l'énergie en supplément. Par ailleurs, nous savons qu'il y a encore des millions de précaires de l'énergie en France, ce qui est inacceptable, et demandera pour y remédier, de prévoir de l'énergie supplémentaire.

Est-ce qu'un vaste programme de rénovation énergétique des bâtiments, la généralisation des principes de l'économie circulaire, une modification des règles d'urbanisme, raccourcissant les trajets domicile-travail par exemple, ou une offre plus importante de transport public suffiront à eux seuls pour économiser suffisamment d'énergie et compenser cette tendance ? Rien n'est moins sûr, d'où cette prudence vis-à-vis des objectifs à atteindre.

Scénario énergétique pour la France : premier principe

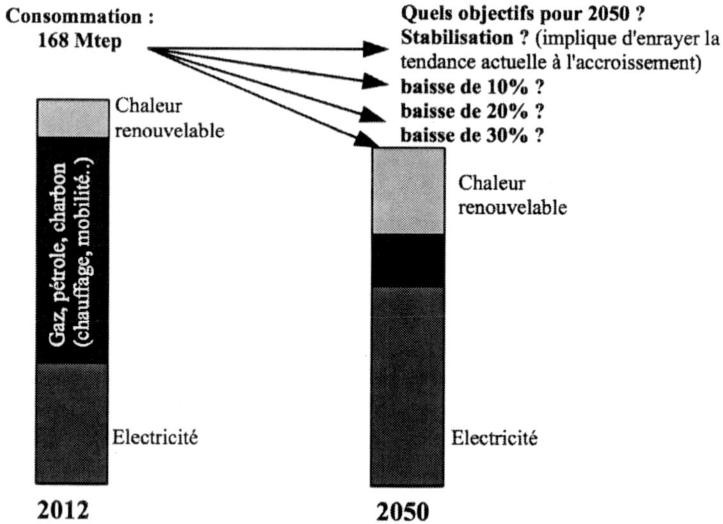

Consommation (en Mtep) pour la période 2012-2050.

Deuxième principe : une part plus grande de l'électricité

Ce qui est sûr, au-delà de l'incertitude sur le niveau de baisse de la consommation énergétique qu'on peut vraiment atteindre, c'est que la part de l'électricité dans cette consommation devra augmenter ! En effet, il faut compter avec les nouveaux usages tels que les véhicules électriques, l'exploitation de la chaleur renouvelable grâce à des pompes à chaleur (fonctionnant à l'électricité), une réindustrialisation avec des usines qui fonctionneront à l'électricité. Le seul volet « relance de l'industrie » nécessitera au moins 100 TWh/an de plus (nous en produisons environ 550 chaque année), et plus encore si nous envisageons de nouveaux procédés de fabrication plus propres. Il faut compter aussi avec la relance du transport collectif (train, tramway…). Tout cela est contradictoire avec l'idée ressassée que l'heure serait à la baisse de la consommation d'électricité. Fermer Fessenheim alors qu'à 200 km de là, à Florange, il était question de produire de l'acier avec des fours électriques dans un proche avenir est un exemple emblématique de cette contradiction.

Scénario énergétique pour la France : deuxième principe

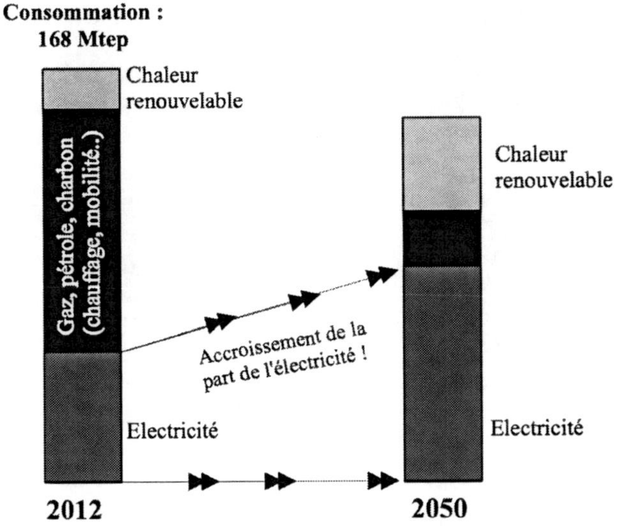

Consommation (en Mtep) pour la période 2012-2050.

C'est un point important, qui va dans le sens de l'histoire, la part de l'électricité devra augmenter comme on le constate pratiquement partout dans le monde : en effet, la consommation électrique mondiale augmente deux fois plus vite que la consommation d'énergie totale. Lorsque qu'un pays voit sa part d'électricité progresser – rappelons que l'électricité n'est qu'une partie de la consommation énergétique – c'est le signe qu'il se développe. La France, pour les raisons précitées, n'échappera pas à cette tendance.

Troisième principe : augmentation de la chaleur renouvelable (bois de chauffage, chauffe-eau solaire, géothermie basse température couplée à une pompe à chaleur…)

Scénario énergétique pour la France : troisième principe

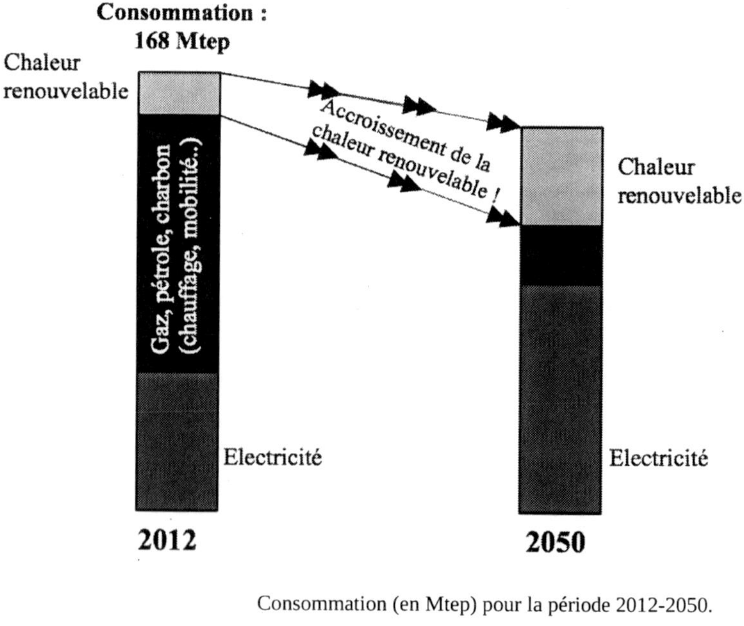

Consommation (en Mtep) pour la période 2012-2050.

Les énergies renouvelables ont un très bon rendement dans la production de chaleur, mais faible dans la production d'électricité. Il faut savoir utiliser les énergies renouvelables là où elles sont les plus efficaces, à savoir la production directe de chaleur pour le chauffage[94]. Un exemple : le solaire est uniquement médiatisé et vu sous l'angle du photovoltaïque, qui a pourtant un piètre rendement et devrait être réservé pour des utilisations spécifiques (zones difficilement accessibles au réseau, ensoleillement exceptionnel…). Pourtant il y a un « autre » solaire qui a un rendement bien meilleur : la production d'eau chaude, grâce aux chauffe-eau solaires. Il convient de remarquer qu'un chauffe-eau solaire est très simple à fabriquer : il s'agit d'un simple réservoir de couleur noire qui piège la chaleur du soleil, et ainsi réchauffe l'eau contenue à l'intérieur ; cela n'a rien à voir avec la haute technologie du photovoltaïque dont l'efficacité est bien moindre. Les prix de ces dispositifs actuellement affichés sont largement dissuasifs et exagérés, car leur production en France reste assez confidentielle, et il revient bien moins cher de le fabriquer soi-même que de l'acheter à un « spécialiste ». Une filière, qui reste à développer, fabriquant en masse ces chauffe-eau, permettrait de réduire drastiquement le prix.

L'autre exemple, déjà largement développé, c'est le chauffage au bois. Il y a encore un grand potentiel en France, à condition de bien gérer la forêt et de résoudre les problèmes liés aux pollutions par particules fines.

Le résultat : la réduction des énergies carbonées

Le résultat du respect de ces principes, c'est la réduction des énergies carbonées, et donc l'atteinte du facteur 4 grâce à un double mouvement : augmentation de l'électricité décarbonée et augmentation de la chaleur renouvelable, par le transfert du couple (pétrole-gaz) à (électricité-chaleur renouvelable).

---

94. Voir *Progressistes* n°7, janvier-février-mars 2015, dossier « Énergies renouvelables ».

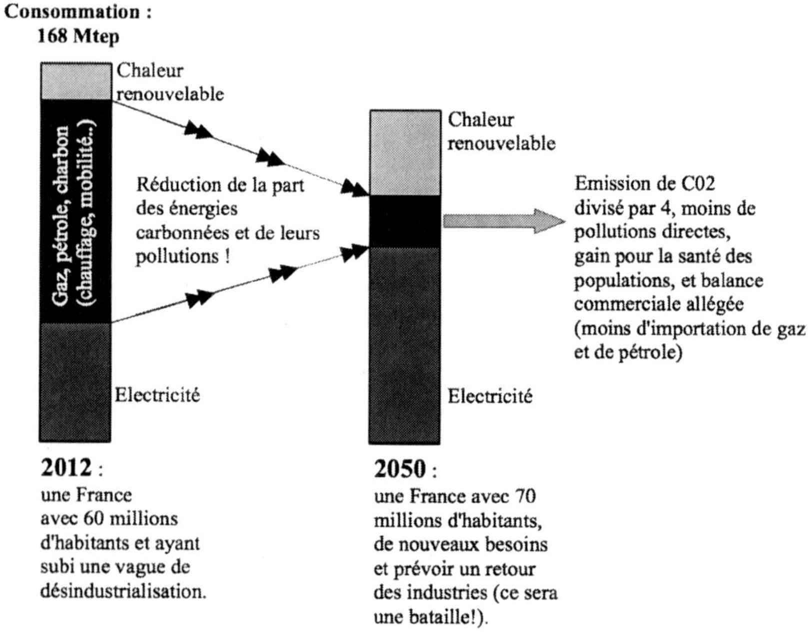

C'est doublement intéressant. Non seulement on n'hypothèque pas le progrès social, car la réduction de la consommation énergétique reste réalisable et raisonnable pour nos sociétés, mais en plus on réussit à diminuer drastiquement les émissions de CO_2. Aussi, on réalise un gros progrès dans le domaine sanitaire : le transfert d'une bonne partie des transports polluants vers une mobilité électrique réduit considérablement les pollutions. Imaginons la région parisienne et ses 5 millions de véhicules fonctionnant à l'électricité… la qualité de l'air en serait complètement bouleversée, et le chiffre de 15 000 décès prématurés chaque année du fait des pollutions atmosphériques en France serait fortement réduit. C'est l'équivalent de changements radicaux qu'on a déjà connus dans l'histoire récente, comme le tout-à-l'égout ou la généralisation du traitement des eaux usées. On pourrait en dire autant pour le chauffage où le fioul et le gaz seraient remplacés par du bois, des chauffe-eau solaires et des pompes à chaleur.

Plusieurs scénarios, très détaillés et documentés, suivent ce principe général, par exemple Négatep de l'association Sauvons le climat, mais aussi les études de l'ANCRE (Alliance nationale de coordination de la recherche pour l'énergie), qui rassemblent des spécialistes issus des plus grands organismes de recherche (CNRS, CEA, IFP…).

Scénario de consommation énergétique pour la France
Négatep (en Mtep)

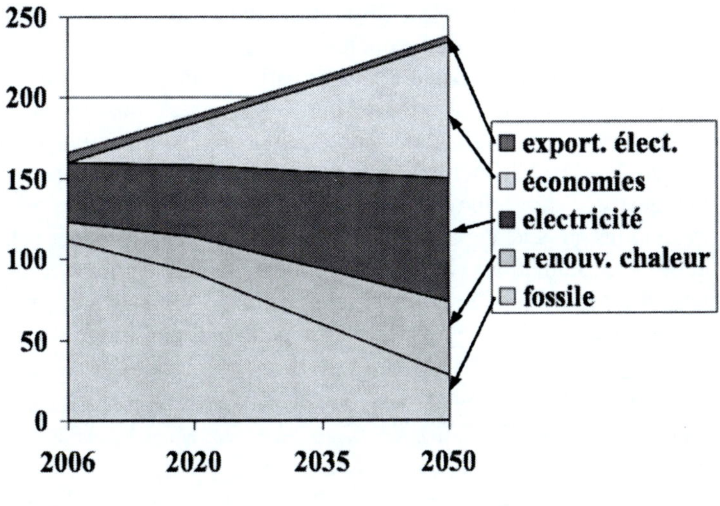

Association Sauvons le climat, scénario élaboré par Pierre Bacher, et Claude Acket, http://www.sauvonsleclimat.org.

Et le scénario Négawatt ? J'ai vu une conférence qui démontre qu'on peut sortir du nucléaire en divisant notre consommation d'énergie par deux et en n'utilisant que des énergies renouvelables, tout en divisant par quatre nos émissions de gaz à effet de serre d'ici à 2050 !

L'association Négawatt a bien médiatisé un tel scénario, surtout après 2011, à la suite de l'accident de Fukushima. Certains aspects de son scénario ont été critiqués par de nombreux spécialistes de l'énergie : la diminution drastique de la consommation, parce qu'elle semble irréaliste sur le plan social, surtout si on anticipe les nouveaux besoins liés à l'industrie et à la mobilité électrique ; l'utilisation quasi exclusive d'énergies intermittentes pour la production d'électricité, faisant fi des problèmes d'échelle et de leur variabilité en fonction de la météo ; d'autre part, certaines techniques de stockage de l'électricité utilisées dans ce scénario, notamment la *méthanation*[95], sont à l'état de simple prototype, mais n'arrivent pas à atteindre l'échelle industrielle pour des problèmes de rendement ; citons aussi l'utilisation massive de stockage de l'électricité par des techniques qui sont certes connues, mais qui, au regard de leur coût et des consommations en matière première, ne sont pertinentes que pour des petites quantités d'électricité[96] ; enfin, l'utilisation massive d'électricité produite hors de France pour pallier l'intermittence

95. À ne pas confondre avec la méthanisation, qui consiste à produire du gaz à partir de la biomasse. La *méthanation*, désigne un procédé qui permet un stockage indirect de l'électricité par l'intermédiaire de la production de gaz.

96. Voir aussi, à propos du scénario de l'ADEME, analogue à celui de Négawatt, l'étude critique de Jean-Claude Cauvin « ADEME : le scénario aux pieds d'argile », *Progressistes* n° 7, janvier-février-mars 2015 (http://revue-progressistes.org/2015/06/15/ademe-le-scenario-aux-pieds-dargile-jean-claude-cauvin/), ainsi que l'étude critique de l'association Sauvons le climat (http://www.sauvonsleclimat.org/slc-débat-face-à-l'ademe-sur-son-scénario-100-renouvelable/35-fparticles/1868-slc-débat-face-à-l'ademe-sur-son-scénario-100-renouvelable.html).

spécule donc sur une possible surproduction dans les pays voisins qui auraient adopté le même modèle[97], et qui pose d'énormes problèmes d'interconnexions aux frontières.

Une chose est de faire illusion devant un parterre de personnes crédules, n'ayant pas vraiment de connaissances dans ce domaine, ou de militants prônant une sortie du nucléaire et qui attendent une simple confirmation ou caution scientifique de leurs idées : il est vrai que les conférences données par l'association Négawatt, à grand renfort médiatique, sont assez impressionnantes, avec des diaporamas extrêmement bien élaborés, un scénario et une mise en scène impeccable, une communication parfaite, avec des moyens considérables. Autre chose est d'affronter les questions des « pairs », de ceux qui ont une connaissance aiguë des systèmes énergétiques et de l'état de la recherche dans le domaine, et d'y répondre *sans détours*. De nombreuses demandes ont été formulées dans ce sens, mais cette association a toujours refusé une telle audition[98] en bonne et due forme.

Par ailleurs, en 2011, pour faire face aux critiques avancées par de nombreux spécialistes, un des principaux arguments avancés par les concepteurs de ce scénario, lorsqu'on les poussait derrière leur derniers retranchements, était que l'Allemagne, avec ses annonces et ses objectifs (de l'époque), confirmait bien la crédibilité de leurs projections. En effet, l'Allemagne de 2011, exemple brandi systématiquement par Négawatt à l'époque, avait annoncé avec fracas son intention d'aller vers un mix composé à 80 % d'énergies renouvelables, en utilisant les mêmes leviers que ceux décrits par cette

97. Il arrive régulièrement que toute l'Europe soit plongée dans un anticyclone, sans vent. On ne peut alors plus compter que sur le voisin pour se fournir en électricité !

98. Au contraire de l'ADEME, qui avait aussi construit un scénario analogue à celui de Négawatt mais qui a accepté de le soumettre aux questions de spécialistes. Après ces auditions, les concepteurs du scénario de l'ADEME, qui avait eu un grand écho médiatique, reconnurent qu'il souffrait « *d'incomplétude* »… et qu'il y avait sous-estimation de la consommation future d'énergie, ainsi que des problèmes d'intermittence et de stockage de l'électricité.

association et avec les mêmes arguments. Aujourd'hui, cinq ans plus tard, l'exemple de l'Allemagne, avec son échec désormais assumé officiellement au plus haut niveau, est un désaveu grandeur nature qui démontre que le scénario Négawatt n'est pas crédible. Négawatt restera ainsi pour longtemps une simple spéculation sur l'avenir, sans fondements techniques sérieux, mais elle fera figure de caution scientifique précieuse, et à peu de frais, pour nombre de militants et de partis politiques proposant la sortie du nucléaire par des réductions drastique de la consommation et un mix électrique comportant 100 % de renouvelable.

Et le scénario 100 % renouvelable de l'ADEME?

Il est vrai que l'ADEME a construit un scénario pour l'électricité en 2015 très proche de celui de Négawatt. Mais à la différence de Négawatt, l'ADEME a reconnu officiellement toutes les faiblesses évoquées plus haut, et confirme que son étude est incomplète sur plusieurs points clés[99]. Cela n'a pas empêché les médias, dès le lendemain de l'annonce de cette étude, d'affirmer sans plus de précautions ni de vérifications que l'ADEME avait démontré qu'il était possible d'avoir un mix électrique avec 100 % d'énergies renouvelables !

99. Il suffit de lire des extraits de l'éditorial du document de synthèse signé par le président de l'ADEME en personne : « *Nous permettons qu'une hypothèse jusqu'ici impensable pour la majorité des acteurs devienne une hypothèse techniquement possible* », et plus loin : « *Certains objecteront sans doute que l'étude est incomplète, car nous ne tenons pas compte de l'existant et ne programmons pas la trajectoire des investissements : ils auront raison. D'autres noterons que nous ne sommes pas descendus en deçà du pas horaire : ils auront également raison et nous n'ignorons pas l'enjeu que représente la gestion de la stabilité du réseau, qui n'est pas traité dans l'étude* », *in* « Un mix électrique 100 % renouvelable ? Analyses et optimisations. Un travail d'exploration des limites du développement des énergies renouvelables dans le mix électrique métropolitain à un horizon 2050 » (http://www.ademe.fr/sites/default/files/assets/documents/mix-electrique-synthese-2015.pdf).

Clé n° 10

Efficacité énergétique : l'exemple du bâtiment

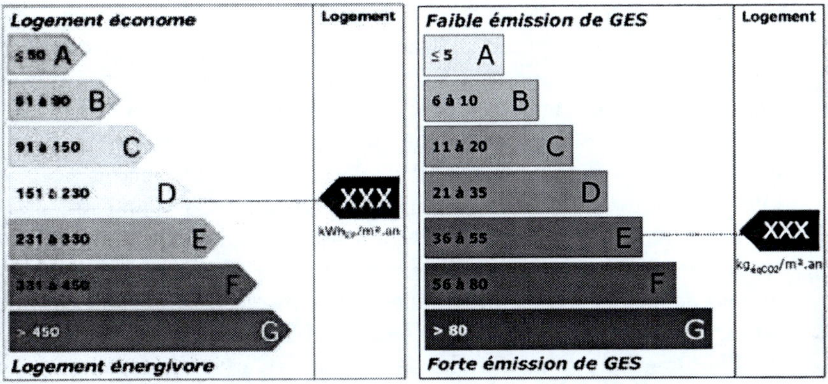

Ce qu'il faut retenir

Investir dans l'efficacité énergétique des bâtiments est intéressant pour l'environnement, pour l'emploi et pour la balance commerciale, car la facture énergétique de la France en est allégée.

Avec 25 % des émissions de CO_2 et 43 % de la dépense énergétique actuelle en France, le secteur du bâtiment est incontournable pour atteindre les objectifs du facteur 4. Du côté des logements neufs, le problème est en partie réglé, puisque tous les logements doivent satisfaire à la norme BBC (bâtiment basse consommation) depuis janvier 2013, c'est-à-dire une consommation maximale d'environ 50 kWh/m^2/an. Mais les logements neufs construits chaque année ne représentent que 1 % par an du parc de logements total : l'essentiel de la consommation énergétique se fait et continuera à se faire dans l'existant, qui doit donc être la cible principale.

Rénover « intelligemment » sans confondre but et moyen

Rénover les 23 millions de logements les plus énergivores en norme BBC serait extrêmement coûteux. C'est ce qui ressort de la plupart des expériences de rénovation sur le terrain. Il faut donc rénover intelligemment, en utilisant au mieux les ressources, en sachant par exemple que le coût pour faire passer la consommation d'un logement de 300 à 100 kWh/m^2/an est équivalent à celui nécessaire pour le faire passer d'une performance supplémentaire de 100 à 50 kWh/m^2/an (norme BBC). Dit autrement : les derniers kilowattheures qu'on veut absolument économiser dans une rénovation ont un coût exorbitant pour un gain énergétique limité. La situation devient absurde dans certains cas : il revient parfois moins cher de raser la construction et de tout reconstruire à neuf en norme BBC que de rénover ! C'est en cela qu'il faut se garder d'être dans la surenchère concernant les performances à atteindre dans les rénovations.

Rénover intelligemment, c'est aussi cibler prioritairement la baisse d'émission de CO_2 ; pourtant la nouvelle réglementation thermique (RT2012) oblige que près de 75 % des nouveaux logements et rénovations optent pour le chauffage au gaz, au détriment de l'électricité, laquelle est très pénalisée. On a tellement focalisé et stigmatisé le chauffage électrique aujourd'hui qu'on en arrive à faire du « tout-gaz » dans les logements, aidé en cela par une nouvelle réglementation taillée sur mesure. Il ne s'agit pas ici de stigmatiser une technique par rapport à une autre : le gaz restant encore pertinent dans certains cas.

De nombreuses possibilités techniques

Si ce sont les émissions de gaz à effet de serre qu'on veut vraiment réduire, alors il faut privilégier, en plus de la rénovation de l'enveloppe avec des matériaux isolants performants, le remplacement des vieilles chaudières très peu performantes par des systèmes de production de chaleur modernes et écologiques, émettant peu de CO_2. Ainsi, il faudra installer de nombreux chauffe-eau solaires, des pompes à chaleur (PAC) couplées à de la géothermie basse température, récupérant la chaleur de l'eau des cours d'eau ou des eaux usées, des PAC air-air, il faudra privilégier les réseaux de chaleurs fonctionnant au bois ou à l'incinération de déchets, et bien sûr les traditionnelles chaudières à bois à fort rendement. C'est seulement quand on ne peut pas faire autrement qu'on doit mettre des chaudières à gaz à haut rendement, mais cela doit rester l'exception, à l'inverse de la situation actuelle.

En réalité, nous disposons déjà d'une riche panoplie de solutions technologiques pour faire face aux situations diverses qui peuvent se présenter dans les constructions : maison individuelle disposant d'un terrain, habitat collectif très concentré en milieu urbain avec peu de place et une surface de toiture limitée, proximité de source géothermique accessible, géographie à fort ensoleillement, réseau de chaleur disponible ou tout autre projet réalisable...

Insistons sur ce point, plus qu'ailleurs, ici, il n y a pas de solution unique ni de miracle : un pavillon isolé dans la campagne, ce n'est pas la même problématique qu'un logement collectif en plein Paris. Dans le cas du pavillon, il sera possible de recourir à des solutions de type géothermie basse température et chauffe-eau solaire, et jouer sur la conception bioclimatique car on aura suffisamment de surface par rapport au nombre d'occupants. Dans le deuxième cas, ce sera difficile ; on pourra certes utiliser des pompes à chaleur air-air, mais la surface limitée disponible ne permettra pas de couvrir les besoins en eau chaude par des chauffe-eau solaires, par exemple, étant donnée la concentration d'habitants. Et, bien sûr, si on est à proximité d'une source d'eau chaude naturelle ou s'il y a un réseau de chaleur à proximité, ce sera cette solution qui sera privilégiée.

L'important c'est de se servir de tout ce panel de solutions pour diminuer effectivement les émissions de CO_2 et la consommation d'énergie fossile.

L'enjeu industriel

Il faudrait produire tous ces équipements évoqués à plusieurs millions d'exemplaires. Il s'agit donc de construire une vraie filière de la production de chaleur renouvelable, qui est inexistante en France, de faire valoir ce gisement d'emplois au lieu d'importer tous ces produits d'Allemagne ou du Japon. En effet, ces équipements doivent être produits localement, si possible dans des usines alimentées par de l'électricité sans CO_2, sinon on ne fait que déplacer le problème. Prenons le cas des pompes à chaleur : l'industrie de l'automobile pourrait s'emparer de ce créneau, les ouvriers, techniciens et ingénieurs disposent de tout le savoir-faire pour réaliser ces produits par millions, comme ils ont su le faire avec des machines aussi incroyablement complexes que les moteurs d'automobiles. Il y a aussi tous les secteurs des matériaux de construction et de la chimie qui peuvent assurer une production de matériaux isolants performants en quantités à hauteur des besoins.

L'enjeu de la formation et des nouveaux métiers

Pour mener à bien un tel programme de rénovation et tenir également le front des constructions neuves avec la nouvelle norme BBC, il s'agira non seulement de mobiliser des financements mais aussi d'avoir des salariés formés à ces techniques, or on en est loin… On passe d'une précision du centimètre au millimètre lorsqu'il s'agit de la mise en œuvre des matériaux, autant dire une petite révolution dans la profession, car on a à faire ici à des bâtiments dont l'imperméabilité à l'air doit être irréprochable. La France manque de chauffagistes, de charpentiers, de couvreurs, de plaquistes fiables, ainsi que de bureaux d'études en rénovation énergétique qui intègrent la problématique d'ensemble des bâtiments. De nombreuses malfaçons ont d'ailleurs été constatées ces dernières années du fait de l'absence de maîtrise de ces nouvelles techniques (chauffe-eau solaire, pompe à chaleur). D'autre part, les visions parcellaires qui prédominent dans la conception des bâtiments sont un obstacle pour atteindre les performances énergétiques visées. Il ne sert, par exemple, à rien d'installer des fenêtres à haute performance si l'enveloppe médiocre du logement annule complètement le gain énergétique escompté. Cela demande une culture nouvelle, associant très étroitement ingénieur et architecte.

Dispositif législatif

Aujourd'hui, seules quelques dizaines de milliers de rénovations par an se font de façon vraiment efficace ; l'explication réside sans doute dans le prix prohibitif, nécessitant un investissement difficilement amortissable dans le temps. On est donc loin de l'objectif des 500 000 logements rénovés par an. À ce rythme, les objectifs du Grenelle de l'environnement seront atteints dans trois siècles !

Pour encourager les rénovations, pour inciter les propriétaires à rénover leur logement, il faudrait, en fonction des revenus de chacun, distribuer sous forme de subvention ou de prêt à bas taux des aides. Rien à voir avec le crédit d'impôt ou autres dispositifs et aides diverses favorisant les effets d'aubaines pour les marchands de systèmes de chauffages qui en ont profité pour augmenter les prix, sans souci des nombreuses malfaçons. Ces mesures ont d'ailleurs prouvé leur inefficacité par le peu de rénovations qu'elles déclenchaient, lesquelles étaient surtout le fait de la cible privilégiée : des propriétaires déjà aisés, qui paient des impôts et qui ont les reins assez solides pour contracter un emprunt. Précisons que la grande majorité des propriétaires ne sont pas riches, ils possèdent un pavillon et sont endettés à vie. Il y a le cas également des logements collectifs privés : comment faire en sorte que les travaux ne soient pas imposés à des copropriétaires démunis et qui risquent de se trouver dans l'obligation de céder leur logement ? Pour tenir compte de la multiplicité de ces situations, il convient d'avoir un vrai service public, avec guichet unique, dédié à cette grande cause nationale et qui permettrait aux personnes concernées de procéder à la rénovation de leurs logements, quels que soient leurs revenus. Cela suppose aussi d'y consacrer les financements nécessaires. Mais cela en vaut vraiment la peine.

Financement

10 à 15 milliards d'euros par an sont nécessaires pour financer un tel plan, sur la base de 500 000 logements rénovés par an, avec un coût de 20 000 à 25 000 € par appartement permettant de passer de 300 kWh/m^2/an à 100 kWh/m^2/an, performance qui reste raisonnable et techniquement faisable.

Notons aussi que la facture de chauffage de la France, qui comprend 15 milliards d'euros pour le volet gaz et fioul importés sur les 55 milliards d'importation d'hydrocarbures (pour le transport essentiellement), serait allégée, ce qui contribuerait à relocaliser la création de richesse en France, puisque cet argent serait utilisé pour payer des salaires plutôt que les rentiers des hydrocarbures (Gazprom, Qatar…).

Ce serait donc bon pour l'environnement, bon pour la balance commerciale, bon pour l'emploi et l'industrie.

Faire avancer le débat

Il faut bannir le chauffage électrique ! C'est une aberration !

Le chauffage direct par effet Joule, avec des radiateurs électriques, n'est pas la meilleure façon d'utiliser l'électricité. Mais il existe aussi un chauffage électrique « intelligent » qui permet d'exploiter le potentiel de la chaleur renouvelable : les pompes à chaleur, système qui consomme 3 à 4 fois moins d'électricité et permet d'exploiter les ressources renouvelables.

Les maisons vraiment écologiques, ce sont celles qui ont des panneaux photovoltaïques…

En réalité, les énergies renouvelables sont beaucoup plus efficaces dans la production de chaleur que dans la production d'électricité. Répétons que l'énergie solaire, bien que très médiatisée par la technologie photovoltaïque, est beaucoup plus intéressante à exploiter pour produire de l'eau chaude que pour produire de l'électricité. Le bois, la géothermie basse température, les pompes à chaleur (bien que consommant un peu d'électricité) sont aussi considérés comme des énergies renouvelables ; elles sont certes beaucoup plus discrètes qu'une toiture de maison couverte de panneaux photovoltaïques mais ont un rendement bien plus intéressant. Derrière le tapage médiatique autour du photovoltaïque – à un point tel que dans la tête de nombreuses personnes le renouvelable c'est forcément du photovoltaïque –, il y les marges de profits énormes générées par les tarifs de rachat de cette électricité par EDF. Nous avons déjà évoqué le slogan publicitaire pour la pose de panneaux solaires chez les particuliers : « *Si vous ne le faites pas pour la terre, faites-le pour l'argent* ». Remarquons par ailleurs qu'un chauffe-eau solaire, d'une technologie beaucoup plus rudimentaire que le photovoltaïque, laisse moins de marge de manœuvre pour se faire de l'argent, d'où un désintérêt certain des industriels à son égard.

Et les maisons autonomes en énergie ? Cela existe ! C'est la solution !

Il existe des bâtiments qui produisent suffisamment d'énergie pour subvenir aux besoins en eau chaude et électricité de leurs occupants, notamment grâce à la conception bioclimatique. En poussant les techniques, on peut même avoir des bâtiments avec un solde positif ; on parle alors de bâtiments « à énergie positive ». Mais attention, cela est valable pour la satisfaction de besoins de base et à condition qu'ils soient très modérés, donc avec des occupants « modèles » qui consomment peu d'eau chaude et peu d'électricité, et avec une série de conditions exceptionnelles qu'on ne retrouve pas systématiquement partout (grand terrain disponible, ensoleillement, etc.). Mais c'est déjà intéressant et prometteur, il faut aller dans cette voie. En revanche, il est exagéré d'affirmer que ces constructions sont autonomes, car elles sont quand même reliées au réseau électrique national, indispensable lorsqu'il n y a pas de soleil ou en pleine nuit d'hiver... sans oublier toutes les dépenses énergétiques liées à la construction d'une maison de ce type, surtout pour produire les matériaux et équipements qui permettent ces performances. Et plus largement, faut-il le rappeler, il faut compter avec tous les équipements collectifs et les besoins en mobilité (l'essence de la voiture, les trains, les produits de consommation courante...). C'est un gros progrès, mais on est très loin de l'autonomie énergétique. Gare aux mirages qui ne se focalisent que sur l'eau chaude et l'électricité consommées, avec des maisons prototypes bénéficiant de conditions exceptionnelles et qui nous font croire qu'on peut se passer des gros moyens de production d'énergie[100] !

C'est le syndrome « Solar Impulse », du nom de cet avion qui, nous affirmait-t-on, avait fait le tour du monde mû par la seule énergie du soleil grâce aux panneaux photovoltaïques placés sur ses gigantesques ailes, d'une envergure comparable à celle de l'A380, mais pour un engin ne pouvant transporter qu'une seule personne. Cette performance a été médiatisée mondialement, des images agrémentées de discours optimistes affirmant que c'était la preuve que le solaire pouvait régler nos problèmes énergétiques, et que ce n'était qu'une question de volonté et d'audace. En réalité, l'énergie solaire n'était qu'un appoint pour maintenir l'appareil en l'air, les batteries étant chargées à bloc au sol, avec de l'électricité issue du réseau terrestre, pour permettre le décollage (poste très énergivore), en outre le calendrier de vol n'est décidé qu'après l'étude précise de la météo, afin de tirer parti des vents les plus

100. C'est la vision de l'autonomie énergétique défendue par Jeremy Rifkin dans son livre *La 3e Révolution industrielle*, reprise par beaucoup de courants politiques en France.

favorables. Cela fait tout de même beaucoup de conditions plutôt rédhibitoires pour envisager cette expérience comme une contribution significative au transport aérien de masse. On fait la même erreur lorsqu'on se laisse séduire un peu trop facilement par les bâtiments dits « autonomes » et le discours sous-jacent. On ne voit pas les détails des performances réelles, dans la durée et avec l'ensemble des conditions.

Clé n° 11

Transferts d'usage : l'exemple de la mobilité électrique

Ce qu'il faut retenir

Mobilité électrique : transports collectifs et voitures individuelles

Il est intéressant d'avoir quelques ordres de grandeur concernant les transferts d'usage.

Prenons le cas de la mobilité électrique et voyons comment remodeler les transports de telle manière que l'électricité y remplace progressivement le pétrole. Il s'agira de privilégier les transports en commun, bien sûr, avec les trains électriques : ce qui suppose d'abandonner la tendance actuelle de casse du service public, de rouvrir des lignes plutôt que de les fermer et d'aller vers la privatisation ; bref, de faire tout le contraire de l'aberration écologique et sociale des cars « Macron » du gouvernement Hollande-Valls.

Bien entendu, à côté des transports collectifs, il y a aussi la voiture individuelle, qui persistera encore pendant longtemps, et qui est un vrai problème aujourd'hui. Examinons le cas du parc automobile et voyons s'il est réaliste de transformer une bonne partie des voitures individuelles à pétrole en véhicules électriques d'ici à 2050. Combien d'électricité doit-on produire en plus ? Est-ce complètement démesuré ou est-ce réalisable ? Certes, c'est une hypothèse extrême, car on peut tout à fait imaginer l'année 2050 non pas avec les 30 millions de voitures actuellement en circulation mais peut-être la moitié seulement, ou même le quart. En effet, on peut compter sur un développement massif des transports en commun, la généralisation de la pratique de la voiture partagée avec un service public digne de ce nom, un urbanisme repensé rapprochant les lieux de travail des lieux d'habitation, etc. On se rendra compte, à la suite de notre raisonnement, que, même dans le cas « extrême » d'une France en 2050 avec 30 millions de véhicules électriques, il suffira de produire 25 % d'électricité en plus par rapport à aujourd'hui, ce qui est réalisable et nous débarrasserait d'une bonne partie du pétrole que nous importons.

Aujourd'hui nous disposons donc de 30 millions de voitures à pétrole, ce qui coûte chaque année 15 milliards d'euros d'importations d'hydrocarbure[101]. Quant à la voiture électrique, elle reste confidentielle : à peine quelques milliers de véhicules en circulation aujourd'hui, avec un impact encore négligeable sur la consommation électrique nationale.

(Précisons que, dans les dessins qui vont suivre, le nombre de véhicules représentés n'est pas en proportion exacte des chiffres annoncés.)

2015, 30 millions de voitures à pétrole

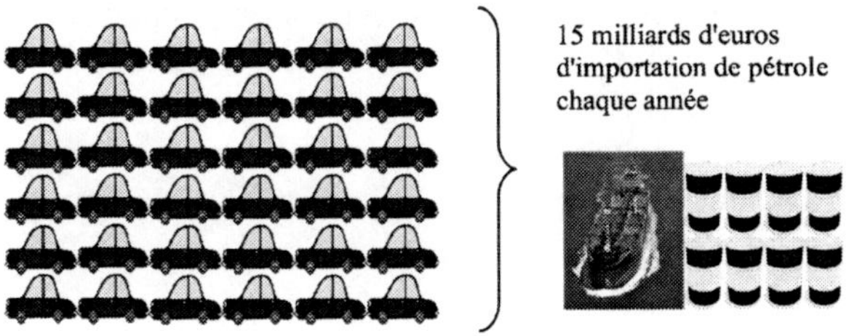

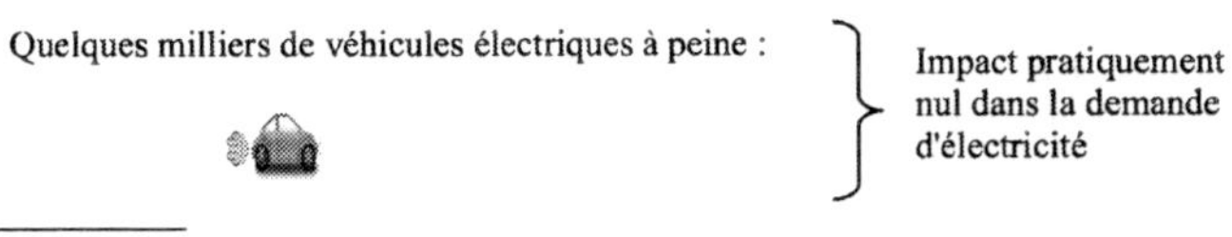

101. Hors transport camion, sur une base d'un baril à 100 dollars (prix de 2011), que nous pouvons prendre comme hypothèse malgré la baisse actuelle, ce qui n'annule pas le raisonnement qui va suivre.

Avant de poursuivre, il faut préciser la différence entre un moteur thermique à pétrole et un moteur électrique. Un moteur à essence a un rendement qui tourne autour de 20 % (on met 100 en énergie dans le réservoir et seulement 20 serviront vraiment à faire avancer la voiture du fait des pertes thermiques). La motorisation électrique a un rendement bien meilleur, de l'ordre de 80 %. Cela dit, il faut compter avec les pertes liées au cycle de charge-décharge de l'énergie électrique dans la batterie, et aussi les pertes liées au transport dans le réseau. Ainsi, en tenant compte de tous ces aspects, le cycle complet, de la production en sortie de centrale à la traction effective des roues de la voiture, le moteur électrique a plutôt un rendement de l'ordre de 50 %, ce qui reste une performance bien meilleure que celle du moteur à pétrole[102]. Ce point est important à retenir, car on rencontre parfois des calculs qui omettent cette réalité et qui se contentent de convertir par le calcul l'énergie calorifique contenue dans un plein d'essence en son équivalent électrique[103]. Or cette quantité d'énergie est à diviser par 2,5 pour le même usage en version électrique, du fait de cette différence de rendement.

En tenant compte de ces rendements, si on remplace le quart des voitures à pétrole d'ici à 2030 par exemple, cela nous obligerait à prévoir 50 TWh d'électricité supplémentaire à produire par an en France. La capacité des centrales électriques actuelles, sous-utilisées la nuit et pendant certaines heures de la journée, permettrait de fournir ce surplus.

---

102. Voir pour plus de détail le site de Jean-Marc Jancovici : http://www.manicore.com/documentation/voit_elect.html

103. Environ 500 TWh à produire en plus au lieu des 150 TWh comme on le verra plus loin. La quantité d'électricité est telle que cela serait rédhibitoire.

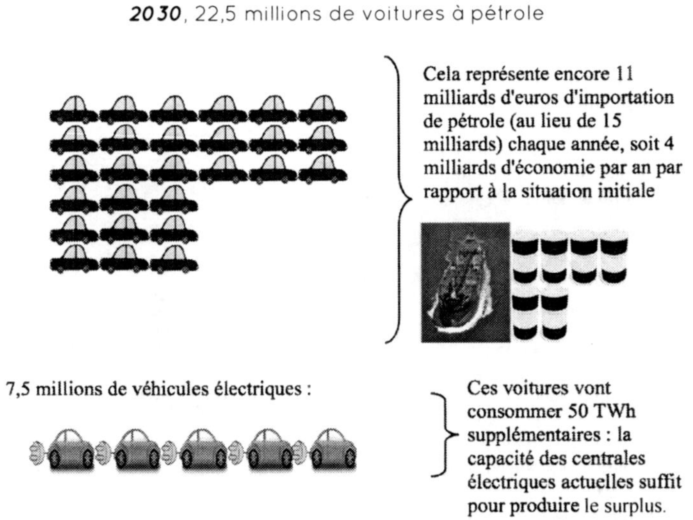

Si la moitié des voitures à pétrole était remplacée par l'équivalent en véhicules électriques, on aboutirait à 15 millions de voitures électriques en circulation ; aussi les 100 TWh supplémentaires d'électricité à produire demanderaient de prévoir l'équivalent de la production de 5 réacteurs de type EPR[104]. Mais on économiserait 7,5 milliards d'euros par an du fait de la baisse des importations de pétrole. L'équivalent du prix d'un EPR, *chaque année* ! L'investissement correspondant serait ainsi très vite amorti.

---

104. Un réacteur de ce type, comme celui actuellement en construction à Flamanville, produit environ 10 TWh par an, et peut fonctionner pendant soixante ans. On peut estimer que les réacteurs qui vont suivre coûteront 5 milliards du fait de l'effet de série. Même en considérant un coût à 7 milliards l'unité, comme nous le faisons ici, cela reste sans commune mesure avec les économies d'importation de pétrole réalisées, et cela serait amorti en quelques années.

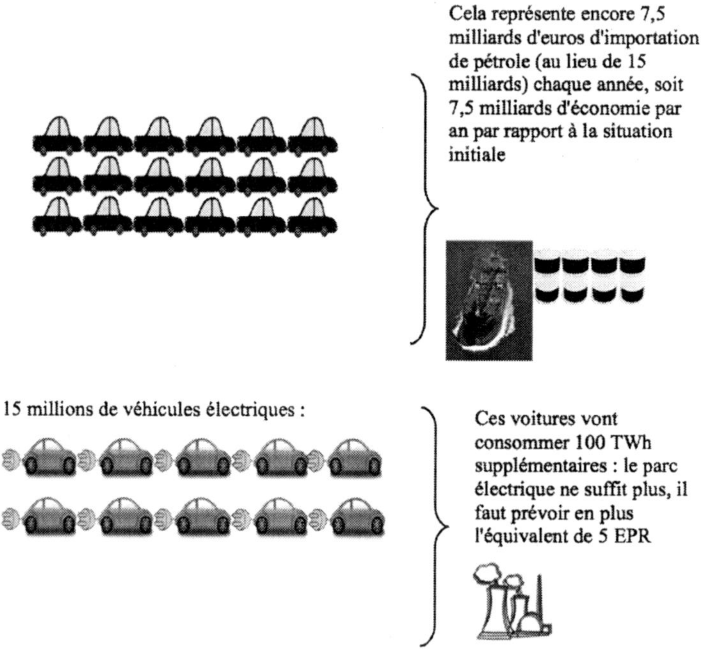

Si d'ici à 2050 on remplace les trois quarts des voitures à pétrole par des voitures électriques, que se passe-t-il ?

Il faudrait alors prévoir une production supplémentaire d'électricité d'environ 150 TWh (nous en produisons actuellement 550). Ce n'est donc pas un changement trop brutal : il faut prévoir la construction de l'équivalent de 10 réacteurs de type EPR.

2050, les trois quarts des voitures à pétrole remplacés, il ne reste plus que 7,5 millions de voitures à pétrole

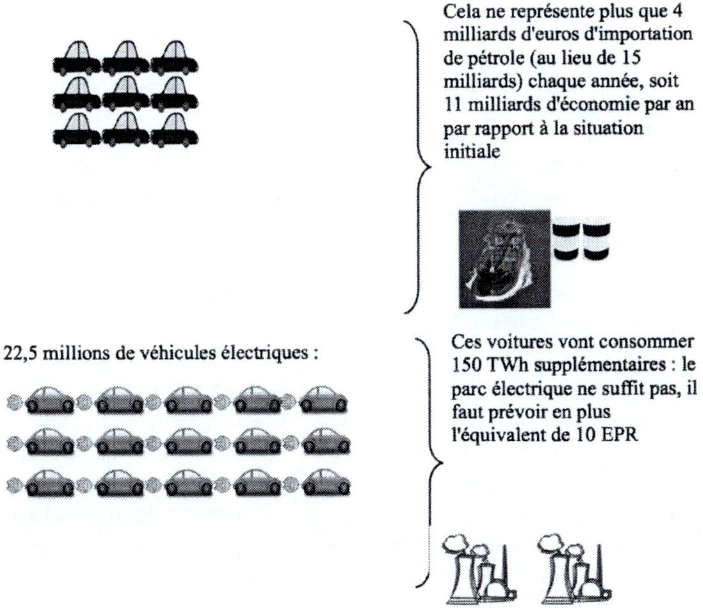

10 EPR, soit 70 milliards d'euros d'investissement[105], pour se passer de 75 % du pétrole consommé dans le transport individuel ? Cela vaut-il vraiment le coup ? Oui, et cela pour une double raison :

D'une part, compte tenu de l'économie de près de 11,5 milliards d'euros par an en facture pétrolière, au bout d'une période estimée

105. C'est vraiment la fourchette haute, il est vraisemblable que l'effet de série fera que les EPR qui suivront celui de Flamanville auront un coût de 5 milliards d'euros l'unité.

de cinq à dix ans[106] les 10 EPR seront amortis (et leur durée de fonctionnement est de soixante ans !) ; en outre, ce serait une contribution à la relocalisation de la production, car cette énergie est produite sur le sol français : ce sont donc des milliers d'emplois en plus dans l'industrie. Rien à voir donc avec la rente des gaziers et pétroliers qui grève notre balance commerciale en pure perte.

D'autre part, ce sera un énorme gain sanitaire : des agglomérations entières seraient libérées du nuage de poussières et de particules fines qui empoisonnent nos poumons, sans oublier les émissions de CO_2 évitées.

Le « mix transport » de 2050 : moins de voitures, plus de partage, plus de transports collectifs

Dans cet exercice, rappelons qu'il s'agit de se familiariser avec quelques ordres de grandeurs afin de savoir où on va et pouvoir décider et anticiper. Le « dosage » des différents modes de transport, le « mix transport », pour faire pendant au mix énergétique, doit être précisé, décidé au fur et à mesure démocratiquement, avec une stratégie de développement des territoires, de nos industries et des besoins collectifs, dans le cadre de ce qu'on pourrait appeler une « planification écologique ». La voiture individuelle existera encore en 2050, mais aux côtés de transports collectifs renforcés, d'un urbanisme repensé, qui fera que le parc automobile ne sera peut-être plus ce qu'il est actuellement : des 30 millions actuels, nous passerons à 15 millions, voire moins. Et ces voitures seront en grande partie « partagées », dans le cadre – et ce sera une bataille – d'un vrai service public de l'autopartage, plutôt que de le laisser au marché. De ce fait, ce ne seront très certainement pas 150 TWh supplémentaires dont nous aurons besoin, mais plutôt 100 TWh, pour ce parc automobile électrique d'une dizaine de millions de voitures,

---

106. Quinze à vingt ans pour un baril à 50 dollars au lieu de l'hypothèse émise de 100 dollars.

aux côtés de quelques millions de voitures à essence résiduelles, le plus souvent en motorisation hybride (essence + électricité).

Fret ferroviaire

Cependant, s'il faut prévoir de l'électricité pour pousser les trains, tramways, métros supplémentaires, n'oublions pas le basculement dans sa quasi-intégralité du transport par camion dans le fret ferroviaire (et aussi fluvial), donc plus de wagons, plus de locomotives et plus d'électricité, mais moins de pétrole ! Quant à la livraison des marchandises, là où les derniers kilomètres de transport sont cruciaux, elle pourra être assurée par des camions et utilitaires électriques, par exemple. Aussi faut-il prévoir de produire au moins 50 TWh d'électricité – en plus des 100 TWh de nos 10 millions de véhicules électriques –, ce qui nous ramène au chiffre de notre raisonnement précédent, 150 TWh, mais en résorbant aussi le problème du transport par camion, ce qui porte à 15 milliards les économies de pétrole par an.

Dans tous les cas de figure, les investissements pour une mobilité électrique généralisée, au regard des gains économiques, sociaux et écologiques, sont tout à fait réalistes et réalisables d'ici à 2050.

Faire avancer le débat

La voiture électrique a une autonomie encore limitée. Ce n'est pas une solution crédible.

Les déplacements journaliers moyens en voiture ont un kilométrage très inférieur à l'autonomie affichée par les dernières voitures commercialisables (Zoé de Renault, par exemple). Cela reste donc intéressant dans une écrasante majorité de cas. Il est vrai néanmoins que cela ne correspondra pas aux besoins de toute la population : c'est pour cela que dans notre petite « étude de cas » nous n'avons pas poussé le raisonnement jusqu'à la transformation de la totalité du parc : il reste encore 7 millions de véhicules à pétrole, qui peuvent d'ailleurs être en partie de technologie hybride.

Ce n'est pas polluant… mais cela dépend de comment vous produisez l'électricité !

C'est tout à fait exact. Justement, en France notre électricité est décarbonée à 90 %, donc c'est très intéressant. Ce même système appliqué à l'Allemagne avec son mix actuel (60 % gaz et charbon pour l'électricité) serait inutile, voire, du fait de la chaîne des rendements, plus défavorable que d'utiliser des voitures à pétrole directement.

Et la pollution des batteries ?

Cela fait partie des dispositifs qu'il faudra veiller à mettre en place en amont : la récupération et le recyclage complet des batteries. C'est en cela que le modèle de la voiture partagée, où la batterie ferait l'objet d'un suivi, soit du constructeur, soit, mieux encore, d'un service public, permettrait de maîtriser le processus de recyclage.

Et l'épuisement futur du lithium et des terres rares nécessaires à la production des batteries ?

C'est en cela que le problème du transport individuel est loin d'être réglé. Avec quelques centaines de milliers de voitures électriques en circulation, cela ne pose pas de problème pour l'instant, mais l'épuisement du lithium est un vrai obstacle à long terme pour le déploiement de millions de ces véhicules. Il y a des recherches intenses pour se passer de ce matériau, mais rien n'est encore « fait » à ce jour, hormis des annonces auxquelles on ne peut pas se fier pour construire un scénario solide.

D'autres pistes existent cependant : la production dans des usines fonctionnant à l'électricité de carburant de synthèse avec de la biomasse non alimentaire (lignine, cellulose), appelé « biocarburant de seconde génération » par opposition à ceux de première génération, qui entrent en concurrence avec les usages alimentaires et qui constituent une aberration. Cette seconde génération permettrait d'avoir des véhicules à moteur thermique classique, fonctionnant avec du carburant de synthèse, fabriqué à partir de simples déchets végétaux décomposés par un procédé chimique nécessitant de l'énergie. Cette dernière peut être sous forme électrique… ce qui nous ramène de nouveau, de façon indirecte, à une mobilité électrique. Il y a donc là une autre piste que le déploiement de voitures avec des batteries au lithium.

5 à 10 EPR à construire, en plus de celui de Flamanville ? Mais où trouver la place ? Est-ce que ce sera accepté ?

Le parc nucléaire vieillit, et il faudra penser d'ici dix à vingt ans à commencer de le remplacer entièrement sur plusieurs décennies. Il est tout à fait possible de lancer des chantiers sur les sites où des centrales sont implantées. On pourrait ainsi imaginer qu'en parallèle des chantiers de démantèlement, sur un même site où fonctionnent déjà 2, 3 ou 4 réacteurs, on ferait un peu de place pour la construction de nouveaux réacteurs, au fur et à mesure de la fermeture des anciens. Un peu à l'image de Flamanville, où l'EPR est en construction aux côtés de 2 réacteurs existants. Il est bien plus facile de faire accepter une extension d'un site en activité, d'une surface somme toute limitée[107], dans un voisinage qui s'y prête déjà et qui en plus dispose de tout le tissu d'emplois liés autour, d'eau en abondance pour refroidir les systèmes, etc.

Pensons également que l'EPR a une puissance bien supérieure à celle de ses aînés. Aussi, le remplacement du parc actuel de réacteurs par des EPR, permettrait de produire bien plus d'électricité avec le même nombre de réacteurs. Ce qui ne sera pas de trop, comme nous venons de le voir dans les « clés » précédentes.

Vous ne comptez pas le coût de l'uranium importé dans vos raisonnements…

Le montant des importations d'uranium de la France s'élève environ à 800 millions d'euros par an[108], soit moins de 1 milliard, ce qui reste « dérisoire » compte tenu du service rendu et comparé

---

107. Au total, il s'agira au maximum d'un millier d'hectares pour toute la France : en termes d'emprise, et face au service rendu, c'est dérisoire.

108. Pour l'année 2013.

aux dizaines de milliards d'importations de gaz et de pétrole[109]. La raison de ce faible coût tient au fait que l'uranium est un simple minerai ; pour qu'il devienne un combustible, il faut lui appliquer des procédés assez complexes : il doit être enrichi dans des usines situées en France, avant d'être utilisé dans les réacteurs nucléaires. Ce qui participe à cette idée d'indépendance énergétique : l'uranium étant un minerai assez bien réparti à travers le monde et somme toute assez banal, c'est son enrichissement, en France, qui fait toute sa valeur.

Le moteur à eau existe ! J'ai vu une vidéo sur Internet sur le sujet… On empêche cette invention d'émerger !

Non, c'est impossible. Il faut de l'énergie pour casser une molécule d'eau : cela en consomme, cela n'en produit pas. D'autre part, on retombe sur le même problème évoqué dans la clé n° 12 à propos du secteur de la recherche (voir la partie « Faire avancer le débat »).

J'ai vu un reportage qui montrait un procédé qui va révolutionner la production énergétique. Cela fonctionne, la machine existe vraiment…

Il faut ici faire la différence entre un prototype et une production à grande échelle. On peut très bien valider par la fabrication d'un prototype (une machine unique expérimentale) un procédé et démontrer que, physiquement, cela fonctionne. Mais pour passer à la production de masse il y a souvent d'autres obstacles. Si la consommation en matériaux est démesurée au regard du rendement, on ne produira que très peu de ces machines. Si les technologies en œuvre sont extrêmement coûteuses et complexes, on sera dans la même situation. Pour un laboratoire, ou une entreprise désireuse de communiquer sur le fait qu'elle fait des recherches dans ces domaines, cela ne posera pas de problèmes de produire quelques-unes de ces machines supplémentaires. Mais elles ne deviendront jamais des produits de

109. 55 milliards d'euros en 2014.

consommation courante. On peut prendre l'exemple de la voiture à hydrogène : on a largement dépassé le stade du prototype, car la pile à combustible est une vieille technologie, mais il y a très peu de voitures de ce type car leur production nécessite des matériaux très précieux (platine) : c'est déjà un obstacle très sérieux, connu de tous depuis des décennies, et il y en a d'autres… Cette voiture existe, elle fonctionne même très bien ; un particulier peut aujourd'hui s'en acheter une, mais elle lui coûtera extrêmement cher. C'est la raison pour laquelle une telle technologie ne s'est pas diffusée.

Clé n° 12

Situation mondiale

Ce qu'il faut retenir

Il est important de ne pas avoir de débat centré seulement sur la France, en passant à côté de la dimension mondiale.

Le monde a consommé en 2013 plus de 13 milliards de tep. Cette consommation est en constante augmentation du fait de l'accroissement de la population et de l'entrée dans le développement de grands pays, comme la Chine.

Consommation mondiale d'énergie primaire entre 1971 et 2013 (en Mtep)

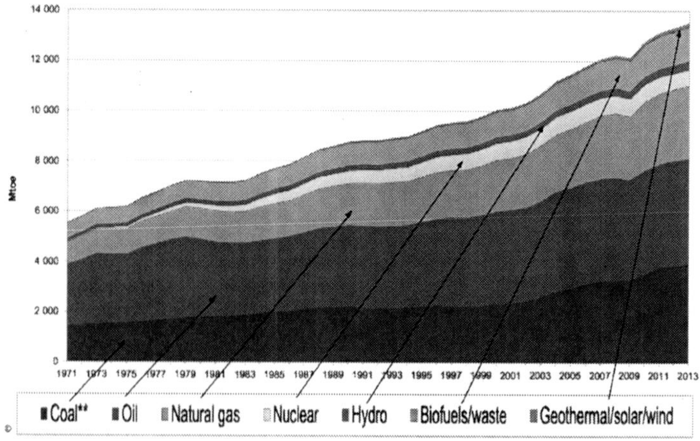

Source : AIE.

Bilan détaillé pour l'année 2013 de la consommation d'énergie primaire mondiale

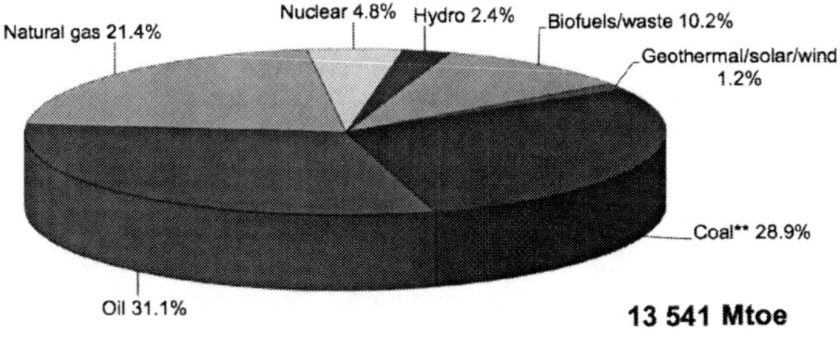

Source : AIE.

La première chose qui doit nous alerter c'est que 80 % de l'énergie mondiale est produite avec du charbon (*coal* dans le schéma), du gaz et du pétrole (*oil*), hautement émetteurs de CO_2. En effet, les émissions de CO_2 atteignent plus de 30 milliards de tonnes par an en 2011, et c'est un des plus gros problèmes à résoudre, comme nous le verrons dans la clé suivante (nº 13).

Émissions mondiales de CO_2 entre 1971 et 2011 (en millions de tonnes)

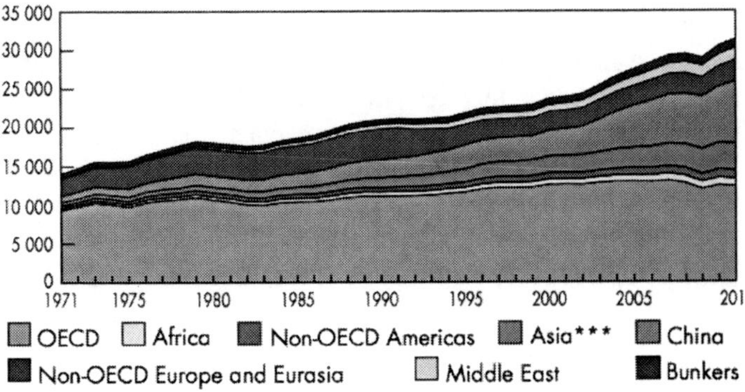

Source : AIE.

Charbon (*coal*) : c'est une énergie qui a un grand avenir devant elle, plusieurs siècles de réserves, ce qui n'est pas vraiment une bonne nouvelle. On constate un net emballement de la consommation à partir des années 2000 : c'est dû au décollage de la Chine, qui va ouvrir à partir de cette date, chaque semaine, une grosse centrale au charbon (soit l'équivalent du parc électrique français chaque année !). Du fait de sa forte croissance, le charbon va devenir dans quelques années la première source d'énergie dans le monde.

Pétrole (*oil*) : les dernières prévisions de l'AIE tablent sur une diminution de la production ; on va donc bel et bien vers un déclin de sa production, pour des raisons physiques (épuisement des ressources). Le pétrole est essentiellement utilisé pour les besoins en transport.

Gaz (*natural gaz*) : utilisé pour le chauffage et la production d'électricité. Ses réserves sont supérieures à celles du pétrole, à tel point que certains pensent que le XXIe siècle sera celui du gaz (et du charbon !)[110]. Le gaz de schiste, notamment aux États-Unis, semble montrer qu'il y a encore beaucoup de gaz à exploiter au-delà des réserves traditionnelles, ce qui rebat les cartes et amène à réviser le niveau des réserves.

Nucléaire (*nuclear*) : utilisé pour produire de l'électricité, il est surtout présent dans les pays riches (OCDE). Ce n'est donc pas une énergie utilisée dans tous les pays comme le gaz, le pétrole et le charbon : le nucléaire est inégalement réparti. C'est une énergie de « riche » ou de pays ayant acquis une certaine maîtrise dans ce domaine. À noter que de gros programmes de relance du nucléaire sont en cours avec plusieurs centaines de nouveaux réacteurs prévus (Chine, Inde, autres pays émergents, quelques pays de l'OCDE).

---

110. Le XIXe siècle a été celui du charbon, le XXe siècle celui du pétrole, et le XXIe siècle serait celui du gaz… à jeu égal avec le charbon.

Hydraulique (*hydro*) : comme pour le nucléaire, cette énergie est exclusivement utilisée pour la production d'électricité, sauf si on donne la priorité à l'irrigation des terres agricoles en aval des barrages. Le potentiel est encore sous-exploité, encore qu'en Afrique, notamment, il existe plusieurs grands projets de barrage.

Biomasse et déchets (*biofuels and waste*) : c'est considéré comme une énergie renouvelable, mais c'est un indicateur ambivalent. Pour l'Afrique par exemple, cela représente près de 50 % de son énergie consommée. Cela ne veut pas dire que l'Afrique développe de fortes politiques écologiques, mais simplement que le sous-développement est tel que c'est la seule énergie disponible pour une grande partie de la population, c'est donc le signe d'une grande misère. En revanche, le bois brûlé dans les pays riches, si la forêt est bien gérée et entretenue, joue un rôle plutôt positif.

Autres (*others*) : sont englobés sous cette désignation la géothermie, l'éolien, le solaire, la chaleur renouvelable. L'ensemble représente à peine 1 % de l'énergie mondiale ; et sur le graphique c'est tellement imperceptible que cela ne correspond même pas à l'épaisseur du trait. On comprend mieux que, lorsqu'on parle d'une forte progression de ce type d'énergie à travers le monde en ne se centrant que sur le pourcentage de croissance, on finit par en oublier son importance quantitative marginale : même si nous multiplions par 10 ce type d'énergie au cours du siècle, soit une progression de 1 000 %, sa part atteindrait au plus 10 % dans le total de l'énergie mondiale. C'est déjà très bien, mais cela ne saurait être présenté comme la solution miracle : ces « autres » en feront partie mais il faudra aussi prévoir autre chose (*voir clé suivante*).

Les énergies renouvelables atteignent donc 13,8 % du total : hydraulique (2,4 %), biomasse (10,2 %) et autres (1,2 %). La biomasse reste majoritaire, mais accompagnée d'une ambivalence, car elle révèle plus souvent un état de sous-développement qu'autre chose.

Il y a un problème : l'électricité n'apparaît pas dans vos bilans mondiaux...

Rappel : l'électricité est noyée dans les chiffres du charbon, du gaz et du pétrole, qui sont en partie brûlés dans des centrales pour la produire. Il y aussi le nucléaire et l'hydraulique qui sont, eux, dédiés à la production d'électricité. L'électricité n'est pas une énergie primaire en soi, c'est un vecteur, un moyen de transporter de l'énergie pour en faciliter la consommation. Il n'existe pas de gisement d'électricité.

Vous nous parlez toujours de l'épuisement du pétrole et du gaz, et jamais de l'uranium... Nous n'avons que pour soixante ans d'uranium dans le monde... Le nucléaire n'a pas d'avenir au-delà.

Parlons des réacteurs de 4e génération qui seront produits à grande échelle vers 2030-2040. Ces réacteurs permettent d'utiliser la quasi-totalité de l'uranium alors que pour les réacteurs classiques[111], on ne peut en utiliser que quelques pourcents[112]. Cela veut dire que pour une même quantité d'uranium on sera capable de produire cent fois plus d'énergie ! On le comprend, on aurait alors un sursis de plusieurs milliers d'années avec ce type de réacteur... En France, on estime que le stock d'uranium appauvri – la partie de l'uranium inutilisée lors des réactions dans les réacteurs – nous donne une

111. Les réacteurs de 1re et 2e génération sont ceux que nous avons actuellement sur le territoire français. L'EPR en construction à Flamanville est un réacteur de 3e génération : il n'y a pas d'innovation majeure ici, sauf en ce qui concerne la sûreté, avec une amélioration significative.

112. À ne pas confondre avec le rendement de 33 % évoqué dans la clé n° 1, qui concerne la production d'électricité proprement dite à partir de la chaleur dégagée dans les centrales. Ici, il s'agit de la fraction isotopique de l'uranium qui est fissile, l'uranium 235, en comparaison avec l'uranium 238 majoritairement présent dans le combustible (99 %), mais qui ne participe pas directement à la réaction nucléaire.

autonomie en électricité de plus de 2 000 ans[113], c'est ce qui vaut au pays le surnom de « Qatar du nucléaire » dans la perspective de l'arrivée de ces réacteurs. Astrid est un démonstrateur de ce type de réacteur qui est en projet, et qui tarde à voir le jour pour les raisons d'absence de politique et d'audace industrielle en France[114].

Et la perspective de la fusion nucléaire ?

La fusion ne sera pas maîtrisée, et donc opérationnelle à grande échelle, avant 2100 (c'est l'objet du réacteur de recherche ITER à Cadarache). C'est un enjeu important à prendre très au sérieux ; mais attention, ce n'est pas une solution de moyen terme, et son caractère très hypothétique ne permet pas de fonder sérieusement un scénario. La vraie rupture, c'est bien l'arrivée des réacteurs de 4e génération, qui existent déjà et qui sont au stade de développement (il reste à trouver les meilleures solutions techno-économiques parmi plusieurs pistes).

On continue de négliger les recherches sur les énergies renouvelables en France et dans le monde. Si on avait mis plus d'argent dedans, on n'en serait pas là !

En France, beaucoup d'argent a déjà été injecté dans ce domaine. Ainsi, le CEA, qui est devenu depuis 2010 le Commissariat à l'énergie atomique *et aux énergies alternatives*, est une des structures qui consacre le plus de moyens à la recherche sur les énergies renouvelables. En 2010, c'est près de 150 millions d'euros qui ont été

---

113. Jean-Michel Gama, « De l'électricité nucléaire pour plusieurs milliers d'années ? », *in Progressistes* n° 4, avril-mai-juin 2014 (http://revue-progressistes.org/2014/08/25/de-lelectricite-nucleaire-pour-plusieurs-milliers-dannees-jean-michel-gama/).

114. Le surnom de « Quatar du nucléaire » est ainsi parfaitement justifié : songeons que les Quataris disposent des plus gros gisements d'hydrocarbure de la planète, mais les exploitent dans des appareils qu'ils ne fabriquent pas eux-mêmes (voitures, avions…). La France, en tardant à construire Astrid, va se retrouver contrainte, dans quelques années, à acheter aux Russes ou aux Chinois ces fameux réacteurs de 4e génération pour pouvoir utiliser la manne de combustible dont elle dispose avec l'uranium appauvri accumulé durant ces quarante dernières années.

investis dans la recherche sur le solaire et le stockage de l'énergie[115], à parité avec le poste recherche sur le nucléaire du futur et les réacteurs de 4e génération (150 millions d'euros également). Cette volonté politique de consacrer des moyens équivalents dans ces deux axes de recherche a été maintenue ces dernières années. On est donc très loin au CEA de la caricature véhiculée un peu partout du « lobby du nucléaire » qui écraserait tout développement de la recherche dans ce domaine. C'est même l'inverse : très peu d'institutions publiques (et encore moins le privé !) consacrent autant de moyens, avec un tel budget, que le CEA – pourtant cœur historique du développement du nucléaire en France – aux énergies renouvelables. Il faudrait aussi citer l'ADEME et le CNRS, qui lui consacrent également des budgets très importants. Mais il faut reconnaître que, auparavant, vers les années 1970 la recherche sur le nucléaire civil a bien été privilégiée, et a bénéficié assez largement de la manne publique. En effet, la France, au lendemain du choc pétrolier, devait très vite se doter d'une filière nucléaire fiable pour réduire sa dépendance au pétrole, et il est compréhensible, et même complètement légitime, que cela se soit reflété dans le financement de la recherche à cette époque.

On a empêché l'apparition de solutions alternatives. Les scientifiques pourraient largement trouver des solutions s'ils s'en donnaient vraiment les moyens. On vivrait dans un tout autre monde aujourd'hui !

N'oublions pas que c'est au niveau mondial que se jouent les percées dans la recherche et les progrès scientifiques et techniques. On pourrait s'entêter et affirmer, malgré les chiffres cités plus haut, que la France ne fait pas d'effort sur les énergies renouvelables ; la preuve : autrement, on vivrait dans un tout autre monde que celui que nous connaissons actuellement, avec des énergies propres partout, facilement disponibles, et ce grâce à des technologies révolutionnaires qui seraient issues de ces recherches (qu'on aurait

115. CEA, dossier de presse « Le CEA et les énergies alternatives », 8 août 2010.

justement négligées, d'où leur absence ! CQFD). Mais alors comment expliquer qu'aucun pays n'a réussi ces fameuses avancées spectaculaires, et qui seraient empêchées et freinées dans notre pays par un lobby nucléaire (ou pétrolier) ? Comment de grands pays comme l'Allemagne, le Japon, les États-Unis et beaucoup d'autres pays développés encore, tous en même temps, *ne trouvent pas* ? Comment tout ce volume de recherches cumulé, ces milliers de laboratoires et toutes ces équipes de chercheurs à travers le monde, tous en même temps, échouent *à trouver* ce qui pourtant leur permettrait d'avoir le prix Nobel et une reconnaissance mondiale ? Peut être tout simplement parce qu'il y a une vraie difficulté pour progresser dans ce domaine et que personne ne trouve… Il ne s'agit pas de nier qu'il y a des lobbies, qui d'ailleurs n'hésitent pas à investir dans des énergies nouvelles, même avec leurs imperfections et leur immaturité[116], mais cela n'explique pas tout. Parfois, les chercheurs du monde entier ne trouvent pas, tout simplement parce que c'est difficile : il n'y a pas forcément de « complot mondial » derrière…

Rappelons à ce propos que la recherche ne fonctionne pas sur commande : il ne s'agit pas de mettre de l'argent dans tel axe de recherche pour forcément trouver quelque chose[117]. Et soyons précis : concernant la recherche-développement, qu'attendre d'un progrès dans les éoliennes, par exemple ? La technologie semble assez stabilisée depuis des décennies ; on a fini par comprendre, entre autres, que la solution avec trois pales était la meilleure et la plus efficace, on peut certes toujours améliorer les roulements, l'aérodynamisme, les qualités des aimants, alléger la structure avec de nouveaux matériaux, etc., et changer peut être même à nouveau la configuration des pales. Mais on n'attend pas de « rupture » technologique de

116. Pensons à Areva ou à Engie (ex-GDF-Suez), qui investissent massivement dans des projets de champs d'éoliennes.

117. Evariste Sanchez-Palencia, « La nature des découvertes et le caractère hasardeux des recherches », *in Progressistes*, n° 7, janvier-février-mars 2015(http://revue-progressistes.org/2015/06/17/la-nature-des-decouvertes-et-le-caractere-hasardeux-des-recherches-evariste-sanchez-palencia/).

ce côté-là (un peu comme pour l'automobile : voilà des décennies qu'elles ont quatre roues, des ouvertures vitrées, des sièges, un volant, un moteur, etc.). La vraie rupture technologique résiderait dans un moyen de stocker massivement de l'électricité. Là est le vrai problème qui empêche un déploiement significatif des énergies intermittentes (solaire et éolien). Or une telle avancée ne se réalisera que si une découverte importante se fait dans la recherche fondamentale, dans le domaine de la physique ou de la chimie… mais on ne sait pas où exactement (c'est justement une des difficultés de la recherche : on ne sait pas où il faut chercher et ce qu'il faut trouver !). Il est donc très difficile de « flécher » un financement de recherche pour obtenir des progrès dans un domaine précis, par exemple le stockage de l'électricité. La façon la plus efficace serait de financer toutes les branches de la recherche fondamentale, de préférence en physique et en chimie et… d'attendre. Est-ce qu'on trouvera demain, dans dix ans, dans un siècle ce moyen de stockage de l'électricité, massif et peu cher ? Personne ne peut le dire aujourd'hui : il est donc extrêmement hasardeux de lancer une politique énergétique engageant un pays entier pour des dizaines d'années sur une telle hypothèse.

Clé n° 13

Scénario mondial pour sauver le climat

Ce qu'il faut retenir

Avoir une perspective mondiale est essentiel si on veut donner du sens à notre scénario national : ne pas avoir de vue d'ensemble peut être démobilisateur, décourageant et donner l'impression que nos efforts nationaux sont vains. Un scénario mondial doit s'accompagner d'ordres de grandeur tenant compte de la réalité des besoins, de l'accroissement démographique, des techniques à disposition aujourd'hui et à moyen terme, mais aussi du niveau technologique de chaque pays ainsi que de ses particularités. C'est seulement ainsi qu'on peut tenter de construire un scénario énergétique mondial crédible, compatible avec la nécessité de contenir les pollutions, de limiter le réchauffement climatique et prévoir l'épuisement des ressources. L'AIE, l'Agence internationale de l'énergie, s'est livrée à cet exercice en travaillant sur des scénarios dit « 450 ppm compatible », en référence à la recommandation du GIEC de limiter, d'ici à 2050, à 450 le nombre de molécule de CO_2[118] par million de molécules d'air dans l'atmosphère, pour contenir le réchauffement climatique à + 2 °C. Un tel scénario montre qu'il est possible, avec des politiques très volontaristes, de résoudre l'équation énergétique. Ces politiques concernant notamment le financement, un gros effort de formation pour préparer aux nouveaux emplois et bien sûr la mobilisation de toutes les techniques et de tous les leviers disponibles.

118. Pour les autres gaz à effet de serre, le méthane par exemple, on mesure en « équivalent CO_2 ».

Ci-dessous, le résultat de ce travail.

Baisse des émissions de CO_2 selon les scénarios « nouvelle politique » et « 450 PPM » (en gigatonnes)

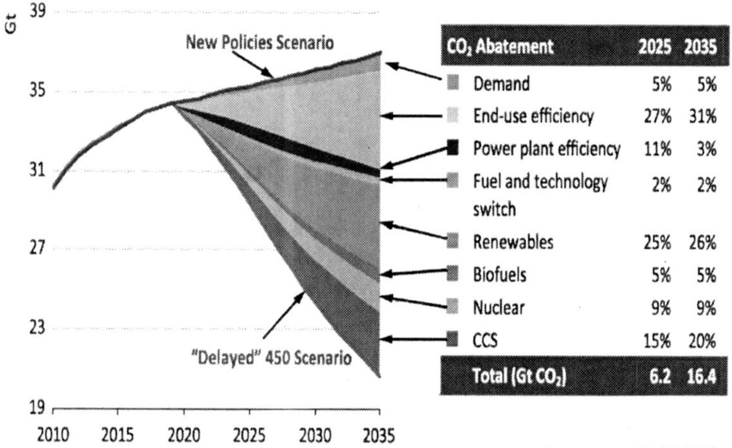

Source : AIE 2013[119].

Ces courbes donnent les émissions mondiales de CO_2 en gigatonnes (Gt) en fonction de deux scénarios. La courbe en haut, avec des politiques relativement volontaristes en suivant les engagements déjà pris par les États mais qui restent insuffisants[120] (*New Policies Scenarios)* ; la courbe en bas, les émissions si des mesures fortes sont prises (*« Delayed » 450 scenario*).

Plusieurs leviers permettent de passer de la courbe du haut à la courbe du bas :

– des mesures d'économie et d'efficacité énergétique, *« end use efficiency »*, qui comprennent notamment la rénovation énergétique

119. AIE, « *Redrawing the energy-climate map. World Energy Outlook Special Report* », 2013.

120. Comme ceux que nous connaissons en France avec les dispositifs « Grenelle de l'environnement ».

des bâtiments, l'adoption de nouvelles normes pour les produits électriques domestiques, de nouveaux systèmes de chauffage, des investissements visant à l'amélioration et au remplacement de vieilles centrales par des centrales plus modernes *(power plant efficiency)* : l'exemple le plus fort est le cas de la Chine et ses nombreuses centrales à charbon qui pourraient être modernisées, donc moins polluantes ;

– la mobilisation des énergies à bas carbone :
– les énergies renouvelables (*renewables*),
– les biocarburants (*biofuels*),
– le nucléaire (*nuclear*) ;
– le captage carbone (*« CCS »*).

Quelques commentaires

Pour s'en sortir, on voit qu'il n'y a pas de *solution miracle*, mais que c'est bien la *conjonction de plusieurs mesures* qui permet de résoudre l'équation énergétique. Il faut à la fois agir sur des mesures d'économie d'énergie et développer des énergies décarbonées. Ce point est essentiel à l'heure où les débats ont tendance à se réduire à des oppositions entre tenants de solutions uniques : « tout nucléaire », « tout renouvelable », « tout économie et sobriété d'énergie ». Non, c'est bien de tout cela à la fois que le monde aura besoin demain.

Renouvelable : l'essentiel du développement du renouvelable reste l'hydraulique et la biomasse, même si l'éolien et le solaire sont amenés à prendre une part plus importante, notamment pour la production d'électricité. Il y a des gisements très importants en hydraulique, en Afrique par exemple.

Le nucléaire peut être un des leviers pour contenir le réchauffement climatique. Il représenterait dans la production d'énergie une part importante de la solution, et bien plus en ce qui concerne l'électricité.

Deux technologies ne sont pas vraiment au point : le captage carbone, qui pose des problèmes d'échelle (où stocker les milliards de tonnes de CO_2 ?), et les biocarburants, dont font partie les agrocarburants, et qui constituent une menace pour la sécurité alimentaire. Certes, il existe des agrocarburants de seconde génération, ceux qui utilisent la partie non comestible des plantes (pour le maïs, par exemple, on dégraderait seulement la tige, ce qui laisserait les graines pour un usage alimentaire), mais il n'y a pas de démonstration à grande échelle concluante.

Du fait du réchauffement climatique, il est prévu une baisse de la consommation de chauffage, qui sera en partie contrebalancée par une augmentation de la consommation liée aux appareils de climatisation. C'est ce que recouvre le terme « *demand* » dans la courbe.

Faire avancer le débat

C'est le scénario Négawatt que vous présentez ! Négawatt est donc pertinent et est généralisable au monde !

En réalité non, car notre scénario prévoit bien une augmentation de la production d'énergie. Sans doute, une bonne partie de la solution se trouve-t-elle dans les gisements d'économie d'énergie, mais cela ne suffit pas ; ce scénario prévoit bien des capacités supplémentaires décarbonées, notamment nucléaire, de production d'énergie pour faire face aux besoins, ce qu'exclut le scénario Négawatt, qui table, lui, sur une diminution drastique de la consommation et la sortie du nucléaire. En réalité, ces économies d'énergie permettent de modérer l'augmentation de la production énergétique mondiale, elles ne l'empêchent pas. Ainsi, dans le monde, c'est 13 milliards de tep qui sont produits. Sans les économies d'énergie, en 2050, on aboutirait à une production de quelque 30 milliards de tep. En anticipant et en engageant toutes les mesures d'efficacité énergétique possibles, on modère ce chiffre et on le fait tomber à 20 milliards, donc supérieur aux 13 milliards de tep actuels. On est par conséquent bien loin de Négawatt : au lieu d'une *diminution* de 50 %, c'est à une *augmentation* de 50 % que l'on aboutit !

Le nucléaire ne représente finalement qu'une partie de la solution : 9 %…

Dans la production d'énergie, il pèse beaucoup plus lourd, environ 25 % de la solution (voir page 154, sur le graphique, toute la partie « *renewables, biofuels, nuclear* »). Et si on examine la part dans l'électricité, alors c'est plus de 40 % de la solution… Rappelons que l'électricité est cruciale, même si elle ne représente qu'une part du mix énergétique global. Par ailleurs, le nucléaire est pour l'électricité une énergie stable qui ne dépend pas de la météo, ce qui permet d'assurer le déploiement du renouvelable intermittent (jusqu'à un certain pourcentage[121]) : il est donc essentiel si on veut la stabilisation du réseau électrique et avoir tout de même une part de renouvelable intermittent dans l'électricité.

Cette solution suppose de développer des centaines de réacteurs nucléaires supplémentaires : c'est un vrai danger pour l'humanité !

Voir aussi la clé n° 7 « Risque sûreté face aux catastrophes ».

Il est vrai que plus de réacteurs c'est aussi une plus grande probabilité que des accidents avec conséquences pour l'environnement surviennent[122]. Cependant, le mouvement est déjà lancé : les programmes chinois et indien à eux seuls c'est près de dix fois le parc nucléaire français qui va être construit d'ici trente ans (environs 500 réacteurs!). Et d'autres pays vont se tourner vers le nucléaire civil : le Vietnam, des pays du Golfe, le Brésil. En Europe, la Grande-Bretagne et la Finlande relancent le nucléaire. On va bien vers un monde qui est

---

121. Tant qu'on est dans un mix électrique avec peu d'énergies intermittentes, on peut gérer les faibles variations de production avec des moyens classiques (nucléaire, charbon). Au-delà d'un certain pourcentage, 3 à 4 % environ, on est obligé d'adosser à l'éolien, par exemple, des centrales à gaz à démarrage rapide pour faire face aux aléas de la météo.

122. Ce point n'est toutefois pas automatique : multiplier par 10 le nombre de réacteurs, mais avec de nouveaux réacteurs de conception 100 fois plus sûrs, permet de diviser par 10 la probabilité d'un accident.

loin de sortir du nucléaire. Se pose dès lors l'enjeu de la sûreté au niveau international. Aujourd'hui, il existe une organisation internationale, l'AIEA (Agence internationale de l'énergie atomique), qui a élaboré des normes de sûreté nucléaire, mais elle n'a pas le pouvoir d'arrêter des centrales en cas de manquement à ces règles. Il n'y a pas d'équivalent à l'ASN (Autorité de sûreté nucléaire, française) au niveau international. C'est un combat urgent à mener, afin de se doter, un peu comme dans le domaine de l'aviation, d'une autorité avec des pouvoirs donnant autorisation ou non, d'exploiter une centrale (indépendamment du niveau technologique du pays). Si une telle autorité existait, Tepco aurait été sommé de remettre à niveau les dispositifs de sûreté de la centrale de Fukushima depuis les années 1980 !

La France, avec l'expérience qu'elle a acquise et son modèle de gestion de la sûreté nucléaire, pourrait apporter son savoir-faire au monde.

Risque nucléaire contre risque climatique : c'est une fausse alternative.

Le risque nucléaire n'est pas à mettre au même niveau que le danger du réchauffement climatique. Il y a le problème de l'occurrence d'accidents nucléaires avec des pollutions. Mais sans le nucléaire, on entre dans trois dangers globaux certains : le réchauffement climatique avec tous ses bouleversements, la non-réponse aux besoins énergétiques du fait de l'épuisement des ressources traditionnelles fossiles et les pollutions chimiques au-delà des gaz à effet de serre (acidification des lacs et océans, métaux lourds, particules fines...). Le risque nucléaire doit être géré et fortement réduit, mais le risque climatique représente un danger avéré avec des conséquences globales et graves (voir aussi clé n° 7 « Santé et énergie » et clé n° 5 « Déchets et pollution »).

Tous les pays n'ont pas le niveau ni les moyens de faire du nucléaire.

Oui, mais la plupart peuvent développer de l'hydraulique, de la biomasse et aussi des centrales au gaz et au charbon, qui sont des techniques relativement maîtrisables. En effet, les pays riches de l'OCDE ainsi que quelques pays comme l'Inde, la Chine, le Brésil, pourraient remplacer leurs centrales à fortes émissions de CO_2 par des centrales nucléaires. Ainsi, ce serait autant de gaz et de charbon qui seraient mis à disposition pour les pays qui n'ont, pour l'instant, pas la possibilité de développer le nucléaire. Les pays riches qui peuvent faire du nucléaire ont de ce point de vue un devoir de produire le plus d'électricité avec des moyens décarbonés et ainsi laisser les ressources fossiles aux pays qui n'ont à l'heure actuelle pas le choix. Le contre-exemple est celui du Japon : les tensions sur le prix du gaz liées aux importations massives pour compenser l'arrêt de ses réacteurs ont des conséquences importantes pour les pays les moins avancés de la planète qui n'ont pas d'autre choix que de faire de l'électricité avec du gaz, gaz qu'ils doivent payer plus cher, car plus rare, vu la demande nippone.

Seconde partie

Écologie et énergie : débats et confusions

Quelques idées sur la nature des désaccords et des confusions dans les débats sur l'énergie.

Small is beautiful : « ce qui est petit est beau »

Cette idée clé plane systématiquement dès lors qu'on aborde des sujets aussi divers que l'énergie, l'agriculture, les transports, l'eau : ce qui est petit serait forcément écologique, « décentralisable », et donc prédisposé à une maîtrise démocratique, au contraire des systèmes centralisés, lourds, bureaucratiques, coûteux pour la collectivité et qui échappent aux citoyens. On trouve sa manifestation la plus éclatante dans les mobilisations « contre les grands projets inutiles et imposés », souvent qualifiés de « pharaoniques » (aéroport, projet de ligne TGV, centrale à gaz, centrale nucléaire, centre d'incinération, centre d'enfouissement de déchets, barrage, etc.).

Pourtant, une démarche aussi catégorique et systématique est une erreur. De tout temps, les sociétés humaines ont dû entreprendre des constructions de grande ampleur, souvent contestables dans leur utilité sociale et exemples d'exploitation et de gaspillage de richesses : il y a le cas emblématique des pyramides, pour faire écho au qualificatif « pharaonique » ; mais il y a eu aussi les contre-exemples, y compris à l'époque des pharaons… : les grands travaux hydrauliques du Nil, qui pourraient également être qualifiés de « pharaoniques », ont répondu à des besoins collectifs très réels. En France, les grands barrages, les grands moyens de communication, les grands aménagements : on ne peut pas dire de façon unilatérale que tous ces projets n'ont nullement profité à la collectivité. Notons que les grands barrages des Alpes, construits dans les années 1950 et 1960, permettent à la France de produire massivement de l'électricité d'origine renouvelable : aujourd'hui, tout le monde, y compris le camp de l'écologie politique, reconnaît l'utilité de ces grands équipements.

Certes, certains se servent au passage avec des gros profits, y compris lorsqu'il s'agit de commandes publiques (construction d'un hôpital, d'un pont, d'un lycée...). Cela dit, il ne faut pas mélanger les problèmes, car dans ce cas, autant arrêter toutes les activités humaines puisque réalisées dans le contexte d'un système capitaliste. Ce n'est donc pas le critère de la taille *a priori* qui permet de juger de la pertinence de tel ou tel grand projet, c'est plus compliqué que cela.

Le secteur de l'énergie est un exemple éclatant qui démontre que ce qui est petit en apparence n'est pas forcément la solution optimale sur le plan du coût pour la collectivité ni sur le plan écologique (*small is beautiful*). Ainsi aux États-Unis une expression résume à elle seule cette réalité : *small is profitable*[123] (« ce qui est petit peut rapporter gros »). En clair, les financiers états-uniens ont bien compris, et même théorisé, le fait que, pour ce qui est de l'électricité, la production décentralisée avec de petites unités, *a priori* plus favorable à l'environnement et en apparence moins coûteuse, présente des opportunités de profits bien plus intéressantes que les traditionnels moyens de production en apparence plus lourds. Gagnant-gagnant en somme : écolo, se prétend-on, et on s'y retrouve du côté des investisseurs. Traduction en France : il y a peu d'investisseurs privés dans le nucléaire et l'hydraulique[124], et cela se comprend car la mise de départ est dissuasive pour les capitalistes, même si à la longue cela revient moins cher à la collectivité. Par contre, on se bouscule du côté des investisseurs dès lors qu'il s'agit de centrales à gaz[125] ou à énergies renouvelables nouvelles (hors grand hydraulique) avec un retour sur investissement beaucoup plus

123. http://www.smallisprofitable.org

124. D'où la loi NOME, qui livre la rente du parc électronucléaire et hydraulique français, largement amorti, aux producteurs privés (Poweo) sans qu'ils aient eu à assumer les investissements initiaux.

125. Pour une même puissance, une centrale à gaz coûte 1 milliard d'euros, une centrale nucléaire 5 milliards. Ce qui fait que l'électricité coûte plus cher dans le premier cas, c'est la composante gaz dans le coût de l'électricité (rente minière).

court : solaire et éolien, au tarif de rachat de l'électricité garanti et subventionné par nos factures pendant des années.

La préoccupation présentée comme écologique repose ici sur la fausse idée selon laquelle ce qui est – ou semble – petit a forcément moins d'impact sur l'environnement, en réalité c'est une véritable aubaine pour les investisseurs.

Sur ce dernier point, également, la taille n'est pas toujours un critère permettant de juger de l'impact écologique. Par exemple posons cette question : le nucléaire, grand projet s'il en est, est-il vraiment une solution plus « lourde » que l'éolien ? La réponse est *oui* si on se fie à ce qu'il est convenu d'appeler notre « bon sens » et notre « intuition » de spectateurs de quelques éoliennes en bordure d'autoroute en comparaison avec la grosse centrale nucléaire beaucoup moins discrète que l'on voit quelques kilomètres plus loin. La réponse est clairement *non* si on se fie à des critères plus objectifs : il faut 4 500 éoliennes[126] pour produire l'équivalent d'un seul réacteur de 1 400 MW occupant quelques hectares seulement. Cela va à l'encontre de notre intuition, car dans ce genre de problème on oublie de raisonner par quantité d'électricité produite. En effet, cela nécessite un véritable effort de pensée car, *primo*, il faut avoir accès à cette information et, *secundo*, il faut être capable de s'imaginer un champ de 4 500 éoliennes s'étendant sur plusieurs centaines de kilomètres carrés. Il apparaît clairement que le choix productiviste ici, contrairement aux apparences, serait de remplacer la centrale nucléaire par des éoliennes (si cela avait un sens sur le plan technique, car il faudrait en plus lui adosser des centrales à gaz pour produire de l'électricité lorsqu'il n y a pas de vent…). Ne parlons même pas du photovoltaïque, où il faut ajouter à ce qui vient d'être dit un ordre de grandeur supplémentaire (solution bien plus gourmande en matière première).

Dernier exemple, peut-être le plus emblématique car allant contre les préjugés qui affirment que, contrairement aux solutions centralisées (grosse centrale à gaz ou à charbon, nucléaire), les productions

126. De 1 MW de puissance chacune.

décentralisées avec de petites unités éviteraient la multiplication de lignes haute tension, et rapprocheraient les lieux de production et de consommation, ce qui coûterait moins cher à la collectivité. C'est en réalité complètement l'inverse : il faut environ 3 à 4 fois plus de fils électriques (donc de lignes haute et moyenne tension, de pylônes, etc.) pour relier tout le système et transporter l'électricité dans la solution avec production diffuse et décentralisée (éolien solaire)[127]. Ce n'est pas anecdotique comme problème pour ceux qui seraient soucieux de limiter l'extraction de matière première (cuivre). D'autre part, pour permettre un semblant de phénomène de foisonnement en Europe et limiter (un peu) les inconvénients de l'intermittence du vent, il y a une idée simple : quand il n'y a pas de vent en Espagne, il y en aura peut-être pour les éoliennes d'Europe du Nord ou de Bretagne ou des Cévennes, et vice versa, donc on peut miser sur des compensations. Le problème c'est qu'il faut construire, pour que cela soit possible, de véritables autoroutes permettant de transporter cette électricité[128]. C'est à ce problème que sont confrontés aujourd'hui les Allemands : comment faire accepter la construction de 1 500 km de lignes haute tension pour relier les lieux de production (éolien en mer du Nord) aux lieux de consommation (sud de l'Allemagne) ? Pour prendre un exemple en France : voilà vingt ans qu'un projet de ligne haute tension d'une puissance de 1 GW traversant les Pyrénées est bloqué du fait des nuisances et de l'opposition des riverains, alors qu'il faudrait faire passer de quoi transporter 40 GW dans les années à venir à travers cette frontière pour parvenir à 80 % d'électricité renouvelable en Europe. *Idem* entre la France et l'Italie au cœur des Alpes.

---

127. Nous avons déjà abordé ce point dans la clé n° 8. Cela est dû à la puissance installée qui est 3 à 4 fois plus importante que pour les centrales classiques pour une même quantité d'électricité produite.

128. Même problème pour le projet Desertec : produire de l'électricité solaire au Sahara pour alimenter l'Europe pendant qu'au Sahel les nouveau-nés meurent faute de disposer d'un peu d'électricité afin que les femmes accouchent dans de bonnes conditions.

Ce qui ne veut pas dire que les énergies éolienne ou solaire sont à disqualifier : il ne s'agit pas d'abandonner un point de vue antinucléaire pour mieux embrasser une vision tout-nucléaire excessive, excluant les autres techniques, ni même d'opposer économie d'énergie et production. En effet, dans l'énergie comme dans d'autres domaines, c'est en fonction du contexte qu'on choisit telle ou telle solution, qui n'a pas grand-chose à voir avec une idéologie mais, plus prosaïquement, qui a à voir avec l'ingénierie, l'état des techniques, la densité de population, la compatibilité avec le réseau, et bien sûr derrière tout cela la volonté politique de satisfaire les besoins, y compris environnementaux, de combattre crise climatique et pollutions directes[129].

Bien sûr, il arrive aussi que *small* peut tout de même être *beautiful*, et dans le domaine de l'habitat on trouve un bon exemple : les chauffe-eau solaires, qui sont d'une remarquable efficacité pour économiser de l'énergie (le poste eau chaude sanitaire dans les logements est très énergivore). Pourtant, le capitalisme ne s'y intéresse pas : peu de perspectives de profits, contrairement à son homologue solaire ultramédiatisé, le photovoltaïque : les techniques étant somme toute peu chères et peu consommatrices de matières premières (un récipient de couleur noire rempli d'eau, fermé et exposé au soleil peut être considéré comme un chauffe-eau solaire très rudimentaire).

On peut aussi prendre l'exemple de l'habitat en terre crue : matériau qui présente l'avantage d'être un climatiseur naturel, propriété intéressante pour les pays chauds et permettant d'éviter des installations coûteuses et énergivores. Il ne s'agit pas de construire comme jadis mais d'adapter, avec nos architectures modernes, la productivité de nos techniques d'aujourd'hui, de profiter de nos moyens de calcul et d'optimisation dans la conception afin de redécouvrir ces matériaux. Or la terre crue est un matériau peu cher, donc pour favoriser les marges de profit mieux vaut utiliser le béton, pourtant un

129. Hervé Bramy, Valérie Goncalves, Jean Barra, Évelyne Chesneau, Luc Foulquier, Paul Sindic, *Pour une transition énergétique réussie* (téléchargeable sur le site du PCF : http://energie.pcf.fr).

non-sens dans des pays chauds (les maisons en béton dans le désert sont des fours invivables le jour, et extrêmement froides la nuit).

Rechercher l'optimum technico-écologique au service des besoins sociaux en somme.

Ces différents exemples concrets sont là pour montrer que ce qui est à bannir ce sont les fausses hypothèses, une description du réel souvent erronée et qui s'ajuste aux conclusions auxquelles on veut aboutir, les intuitions trompeuses, les visions unilatérales contestables (le petit qui est forcément beau, qui serait la solution à tout).

Au contraire, les problèmes doivent être instruits à partir d'études sérieuses, qui incluent la dimension quantitative. Mépriser cette dimension sous prétexte qu'il faut se rendre compréhensible par tout le monde et ne pas faire trop « expert » est hors de propos ici.

Pour illustrer les illusions autour de cette perception trompeuse de type « *small is beautiful* », livrons nous à un simple calcul, pour comparer l'énergie nucléaire et éolienne, par exemple.

Bilan en matériaux : acier et béton

La fondation en béton armé d'une éolienne typique d'une puissance de 2 MW, par exemple, nécessitera environ 150 t d'acier (en incluant le mât) et 400 m^3 de béton[130]. Un réacteur de type EPR, de 1 600 MW, lui, nécessitera 300 000 m^3 de béton et 100 000 t d'acier[131], ce qui est bien sûr gigantesque et impressionnant. Mais, pour comparer les deux, faisons un simple calcul partant du taux d'exploitation de chacune de ces énergies : les éoliennes de

130. Les quantités indiquées, bien qu'impressionnantes, ne sont qu'une moyenne. Du fait de la hauteur du mât et de la force du vent, il faut prévoir des fondations immenses pour bien ancrer l'éolienne au sol. Une éolienne est un véritable ouvrage d'art, il faut par exemple compter plusieurs convois exceptionnels pour le transport des différentes pièces.

131. http://quille-industrie.com/metiers/nucleaire/centrale-electronucleaire-epr-flamanville

puissance de 2 MW fonctionnent en moyenne 25 % de l'année[132] et le réacteur EPR de 1 600 MW fonctionne 80 % de l'année (maintenance, arrêt, etc.) ; on trouvera qu'il faut 2 560 éoliennes pour produire l'équivalent en électricité d'un seul réacteur[133], soit un total de 1 million de mètres cubes de béton pour les seules fondations des éoliennes (contre 300 000 m³ pour l'EPR), et près de 380 000 t d'acier (contre 100 000 t pour l'EPR). Il faut donc 3 à 4 fois plus de béton et d'acier pour construire les milliers d'éoliennes nécessaires à la production d'électricité d'un seul réacteur nucléaire. Ce rapport de 3 à 4 est un ordre de grandeur qui ne change pas, même si on songe à mettre des éoliennes de plus faible puissance[134] (ce qui aggraverait en réalité ce bilan). Par ailleurs, en listant toutes les constructions et différents types d'éoliennes, les quantités de béton et d'acier variant très peu selon les modèles, on ne fait pas beaucoup varier ce rapport[135].

Emprise sur le terrain

Concernant l'emprise sur le terrain, continuons nos calculs. Prenons l'exemple d'une centrale nucléaire classique, comme celle de Cattenom, en Moselle, avec 4 réacteurs totalisant une puissance de 5 000 MW et occupant une surface de 5 km². Pour ce qui est des éoliennes, compte tenu de l'espacement à respecter entre elles

---

132. Pour retrouver ce chiffre de 25 %, on peut se référer aux statistiques de RTE, et comparer la quantité d'électricité produite par les éolienne en France sur l'année et la puissance installée.

133. (1 600 MW × 80 %) / (2 MW × 25 %) = 2 560 éoliennes.

134. C. Crawford, « *Life cycle energy and greenhouse emissions analysis of wind turbines and the effect of size on energy yield* », *in Renewable and Sustainable Energy Reviews*, n° 113, 2009, p. 2653-2660 (http://www.apere.org/manager/docnum/doc/doc1248_090706fiche36.pdf).

135. Le chantier des éoliennes mises en place à Moyon (50) en 2012 est une bonne illustration des quantités de matériaux mis en œuvre (http://www.lemoniteur.fr/article/socles-beton-specifiques-pour-eoliennes-dotees-de-mats-en-beton-precontraint-16954204).

pour exploiter pleinement la force du vent, on peut mettre environ 5 éoliennes de 2 MW chacune par kilomètre carré. Pour remplacer les 5 000 MW de notre centrale nucléaire, il faudrait 8 000 éoliennes (reprendre le calcul plus haut), soit 1 600 km^2 d'emprise, à comparer aux 5 km^2 de notre centrale. Toute chose étant égale par ailleurs, car un champ d'éoliennes n'est pas incompatible avec une activité agricole, par exemple, mais il y a tout de même une nuisance et un impact dans le paysage qui est sans commune mesure : ce sont ainsi des régions entières qui sont recouvertes de milliers d'éoliennes.

Consommation de cuivre, impact sur les réseaux et ajouts de centrales à gaz

La puissance installée étant 3 fois plus importante pour les éoliennes que pour le nucléaire du fait des différents facteurs d'exploitation (25 %, contre 80 %), il faut donc prévoir environ 3 fois plus de fils électriques pour relier tout cela au réseau ! Cela veut dire 3 fois plus de cuivre par exemple, mais aussi toutes sortes d'autres matériaux nécessaires aux transformateurs et autres appareils nécessaires au fonctionnement du réseau électrique. Enfin, il faut prévoir des centrales, à gaz le plus souvent, pour pallier l'intermittence : l'électricité étant difficilement stockable, lorsqu'il n'y a pas de vent (75 % du temps), ces unités de production prennent le relais. Il faut donc compter avec une dépense en matériaux supplémentaires aussi pour ces autres moyens de production (voir aussi clé n° 8).

Déchets, combustible, indépendance énergétique, nombre de victimes

On pourrait objecter qu'il y a les déchets nucléaires, que l'uranium doit être importé contrairement au vent, qu'on ne compte pas les usines d'enrichissement du combustible ni le retraitement, le risque d'accidents et le nombre de décès possibles et potentiels, etc. Mais, on a pu le constater, c'est loin d'être aussi clair : en effet, y compris pour les éoliennes il faut compter avec l'énorme quantité de matériaux stratégiques massivement importés – ce qui relativise l'argument d'indépendance énergétique : cuivre notamment, mais aussi, pour certaines éoliennes, une grande quantité de terres rares, une quantité tout aussi énorme de métaux lourds, véritables poisons dont le volume nécessaire est plusieurs dizaines de fois plus important que celui des déchets nucléaires, et avec une nocivité persistant pour une durée de vie infinie (et posant eux aussi la problématique de stockage), et il faut compter avec les usines fabriquant toutes les éoliennes, puis faire un vrai calcul concernant le bilan sanitaire (pollution, accidents, etc.). Nous avons vu tout cela, confirmé et précisé, dans les clés nos 5, 6 et 7 de la partie précédente.

Les solutions « sortir de… » solutions miracles à tous les problèmes

On demande l'impossible aux ingénieurs. On leur dit en somme : « Trouvez-nous une solution pour sortir du nucléaire, et on veut également sortir du gaz, sortir du charbon, et aussi sortir du pétrole ; on veut du renouvelable partout mais sans les lignes haute tension qui vont avec, sans défigurer les paysages des Cévennes, du Languedoc et de la Bretagne…, le tout en limitant le réchauffement climatique et en répondant au droit à l'énergie au niveau mondial, et sans faire exploser les prix. Et, si possible, tout de suite ! »

La politique ne peut pas tout demander à la science. Elle doit tenir compte de certaines réalités physiques, écouter de temps en temps ce qu'ont à dire les scientifiques sur ce qu'il est possible de faire ou pas, sur ce qui est envisageable ou pas, avec tout ce que cela implique comme acceptation dans le déplacement des nuisances. On ne peut pas du côté politique dire « Je veux ça et débrouillez-vous, vous les ingénieurs, les techniciens, les chercheurs, pour le réaliser », pas plus qu'on ne peut invoquer systématiquement les lobbies ou la partialité dès que quelques vérités sont rappelées : l'intermittence du vent, le fait que l'électricité ne se stocke que difficilement, le recours nécessaire au gaz ou au charbon pour sortir du nucléaire, les limitations du solaire et de la géothermie, la multiplication nécessaire des lignes haute tension pour transporter l'électricité des sources intermittentes, etc.

La recherche ne produit pas non plus des résultats sur commande. Certes, un procédé révolutionnaire permettant de stocker de l'électricité massivement lèverait beaucoup de difficultés et donnerait une tout autre dimension à la part des énergies renouvelables dans le mix électrique. Or les chercheurs ne savent absolument pas si un jour ce sera faisable.

Lancer des politiques évaluées au doigt mouillé et qui vont nous engager sur plusieurs dizaines d'années sur la base d'hypothétiques résultats de la recherche n'est pas très responsable. Et cela ne sert à rien de vilipender les ingénieurs ou les chercheurs qui ne chercheraient pas au bon endroit.

Le problème des solutions « sortir de… », c'est qu'elles ne nous disent pas dans quoi on entre finalement, ou n'osent pas le dire. Aux questions que suscitent ces solutions, on a quelques slogans en guise de réponse, mais rien de vraiment fondé sur le plan scientifique et technique, aucun scénario sérieux faisant appel à des techniques connues ou qui ne propose pas une décroissance drastique autoritaire avec une chute très nette du niveau de vie (rappelons que le seul pays en Europe qui a diminué fortement sa consommation énergétique est la Grèce…). Et on ne pourra pas « sortir de tout » ! Il faudra bien entrer dans quelque chose. L'Allemagne a choisi de sortir du nucléaire, mais elle ouvre en même temps de gigantesques mines de lignite[136] et importe massivement du charbon des États-Unis, tandis que les centrales au gaz tournent à plein régime. Des gazoducs venant de Russie et du Moyen-Orient ont d'ailleurs été construits et dimensionnés à cet effet, et ce de longue date, par les promoteurs mêmes de la sortie du nucléaire (Gerhard Schröder et Joschka Fisher, ancien ministre vert allemand, qui travaillent aujourd'hui pour Gazprom…). L'Allemagne a dépensé des milliards ces dernières décennies[137], et pourtant, solaire et éolien tout compris, cela ne dépasse pas plus de 15 % de son électricité. C'est pourtant

136. http://geopolis.francetvinfo.fr/ouverture-dune-gigantesque-mine-de-lignite-en-allemagne-20669

137. Près de 150 milliards d'euros de subventions, et 400 milliards à venir d'ici à 2020. *Source* : Centre d'analyse stratégique, « La transition énergétique allemande est-elle soutenable ? » (http://archives.strategie.gouv.fr/cas/system/files/2012-09-11_-_transition_eunergeutique_allemande-na281.pdf).

un des pays les plus riches de la planète, avec une des industries les plus en pointe dans ce domaine : il y a donc bien une vraie difficulté technique qui n'a rien à voir avec une mauvaise volonté politique ou un obscur complot contre ces énergies. Il faut entendre cette réalité. Donc, oui, il est possible de sortir du nucléaire, mais alors il faut accepter le recours massif au gaz et au charbon, comme le montre l'exemple allemand.

On se trouve devant une alternative cruciale : accepter le nucléaire civil dans un mix donnant plus de place aux énergies renouvelables, pour sortir progressivement des énergies carbonées (gaz, charbon, pétrole), ou refuser obstinément le nucléaire, et donner encore plus de place aux énergies fossiles.

Opter pour le premier terme de cette alternative suppose de travailler à limiter ses risques : par exemple éviter de construire en zone de tsunami, faire les travaux d'amélioration de sûreté supplémentaires exigés par l'ASN[138], améliorer constamment dès la conception la qualité des réacteurs, supprimer le recours abusif à la sous-traitance, etc. C'est la démarche qui a prévalu après les grandes catastrophes de Bhopal, de Seveso et d'autres encore dans le secteur de la chimie (à l'époque la réponse à ces drames n'a pas été de « sortir de la chimie »). C'est le mix rééquilibré qu'implique cette option qui est décrit dans la plupart des scénarios internationaux en réponse aux recommandations du GIEC, scénarios qui incluent également des efforts importants d'efficacité énergétique (rénovation thermique de l'habitat, amélioration de rendement dans les centrales existantes, dans les procédés industriels, les transports publics, etc.).

Choisir l'autre option oblige à se préparer à la catastrophe climatique qui, elle, est certaine à l'échelle planétaire.

---

138. Autorité de sûreté nucléaire.

Le mythe de la « bulle autonome »

Régulièrement, on nous vante tel ou tel écoquartier qui serait autonome en énergie, et même des villes et des régions entières autonomes (la ville de Fribourg en Allemagne, la région Poitou-Charentes). Si on ne précise pas exactement ce que cela recouvre vraiment, alors c'est une publicité mensongère lourde d'arrière-pensées idéologiques.

Habituellement, on va argumenter en vantant les performances énergétiques d'un écoquartier : la qualité de l'isolation thermique des bâtiments serait telle que la chaleur d'une simple ampoule lumineuse permettrait de chauffer une pièce, y compris par grand froid. C'est vrai, ce sont des performances tout à fait actuelles et qu'il faudrait s'efforcer de reproduire à grande échelle (les fameux bâtiments BBC [bâtiment basse consommation]). Concernant la production d'eau chaude ? On nous répond qu'il y a des chauffe-eau solaires sur le toit. Et concernant l'électricité nécessaire aux usages électroménagers et informatiques, etc., il y a les panneaux solaires photovoltaïques sur le toit, et une petite unité de biogaz collective. L'eau ? On a un récupérateur de pluie.

Cela semble imparable, il y a vraiment une autonomie énergétique. Alors, où est la publicité mensongère ?

1. On ne comptabilise pas les dépenses énergétiques liées à la fabrication dans les usines de tous ces appareils, nécessitant des procédés très complexes et énergivores pour leurs productions. On nous rétorquera que c'est hors bilan car les usines se situent hors du périmètre de notre écoquartier.

2. Quand un des occupants se rend à son travail en voiture, prend le train ou le tramway, ou dans le cadre de ses loisirs passe une

semaine à New York en vacances, ce n'est pas comptabilisé dans le bilan. Évidemment, il fait son voyage hors du périmètre de la bulle écoquartier, on nous rétorquera donc que ça ne compte pas non plus[139].

3. On ne comptabilise pas l'énergie contenue dans la nourriture et tous les biens de consommation. Prenons juste l'exemple de l'eau, besoin vital qu'on peut difficilement accuser de participer à la société de consommation : elle nécessite beaucoup d'énergie pour être purifiée, transportée, puis retraitée dans une station d'épuration (avec des produits chimiques dont la production demande aussi de l'énergie)…

Bien sûr à chacun de ces points on nous rappellera, pour l'eau, l'existence du récupérateur de pluie et, pour la nourriture, l'existence du petit potager. Cela peut aider, mais en regardant les rendements, les besoins en eau, la compatibilité avec la densité, et en faisant tourner la machine à calcul, on n'arrive pas à « boucler » le problème de la recherche d'autonomie. À moins d'avoir un quartier de très grande étendue avec une faible densité d'habitations… mais alors il ne s'agira plus d'un quartier. Et au-delà de l'autonomie en énergie, si on prend maintenant un indicateur plus général qui comptabilise toutes les ressources consommées, l'empreinte écologique[140], alors c'est encore plus faux. Il faudrait ajouter les surfaces liées aux exploitations minières, agricoles, les océans nécessaires.

Ce qui explique qu'on arrive à tromper tout le monde, c'est qu'en matière d'énergie presque personne ne fait la différence ente 1, 10 et 100 (ce qui est normal, tout le monde n'est pas plongé dans ce sujet). La simple perception d'un panneau solaire sur un toit et quelques

---

139. Un aller-retour Paris-New York pour un passager équivaut, en carburant, à une année d'un trajet domicile-travail en voiture sur une base de 40 km/jour. Cela donne un autre regard sur l'échelle de la culpabilisation habituellement présentée dans les médias.

140. Indicateur qui a ses ambivalences car réducteur, et surtout stigmatisant la consommation individuelle. Or quelle est l'empreinte écologique du P-DG de Total lorsqu'il prend certaines décisions dans son entreprise ?

arguments, sans entrer dans les détails, suffisent pour tromper et faire croire à l'autonomie. D'autre part, on oublie toutes les interactions sociales liées à une division du travail tellement poussée à l'échelle planétaire qu'on ne les perçoit même plus. Cela rend complètement hors de propos d'essayer de fixer une frontière territoriale à l'intérieur de laquelle on aboutirait vraiment à une autonomie. En fait, on se rend compte qu'on a besoin de ses voisins. On a beau éventuellement essayer de les cacher, les nier, les mépriser : rien n'y fait, on a besoin d'eux, on est lié au reste de la société, au reste du pays, et même à l'appareil productif mondial : cachez-moi cette usine polluante qui consomme de l'énergie que je ne saurais voir ! On découvre alors que cette quête de la bulle autonome est complètement vaine.

Faut-il pour autant tout rejeter dans cette idée, notamment ce qui concerne le volet de la recherche dans la performance et l'efficacité (eau, énergie, agriculture, etc.) ? Clairement non si c'est le point de départ d'une vraie préoccupation d'économie des ressources et de minimalisation des atteintes à l'environnement, d'une pratique nouvelle intégrée dès la conception des bâtiments, dès les études d'urbanisme. Cela dit, il faut bannir toute la partie qui s'apparente à une démonstration idéologique douteuse : « on peut se passer des autres, on peut vivre dans une bulle, dans le mirage de l'autonomie de notre quartier, dans l'entre-soi », en somme une version prétendument « écologique » des tristes quartiers résidentiels, hautement sécurisés, entourés de quartiers pauvres qu'on rencontre aux États-Unis et en Amérique du Sud. En résumé : oui aux innovations techniques, y compris aux innovations sur le plan de l'organisation sociale, non aux mirages et aux conclusions rapides.

Les écoquartiers de Fribourg sont indéniablement de vrais laboratoires d'idées dont s'inspire aujourd'hui toute l'Europe. Plus que de réelles innovations, c'est surtout la mise en cohérence d'une multitude de techniques déjà éprouvées et ici réunies sur un même espace qui a constitué vraiment la nouveauté il y a dix ans. Mais soyons clair : il est faux d'affirmer que ces quartiers sont autonomes en énergie, car en réalité ils sont reliés au reste du monde, ne serait-ce que par le réseau électrique national allemand[141]. Ils dépendent également de tous les équipements au niveau national, et même au niveau mondial, y compris les aéroports internationaux ! Aéroports qui accueillent des avions qui transportent entre autres des médecins, lesquels se rendent à des colloques pour se former, lesquels de retour en Allemagne seront amenés à exercer leur métier avec plus d'efficacité. Or cette dépense énergétique, est-elle comptabilisée dans le bilan des écoquartiers lors de la visite d'un de ces médecins pour soigner la bronchite d'un des enfants de ses occupants ? Non. Cet exemple est très ponctuel, il y en a des milliers d'autres possibles qui donnent la mesure de la complexité du problème et montrent qu'on est toujours très loin de l'autonomie.

On pourrait refaire cette démonstration pour aborder l'écoville autonome (Fribourg) et l'écorégion autonome (Poitou-Charentes), qui sont également des chimères porteuses d'idéologie et d'arrière-pensées politiques. Par exemple, celle de faire passer l'idée que les services publics nationaux n'ont plus de pertinence, et ainsi préparer leur régionalisation et, au final, leur morcellement et leur privatisation.

Pour finir, cette question fait écho au premier préjugé traité, à savoir *small is beautiful*. En effet, rappelons que, contrairement aux apparences, la vraie efficacité se réalise souvent dans la mutualisation d'équipements collectifs de grandes dimensions, qui se révèlent au final, au regard des services rendus à un grand nombre de foyers, plus économes, plus efficaces sur tous les plans qu'une multiplication de petites solutions. En réalité, s'il y avait vraiment besoin de conceptualiser jusqu'au bout ce qui ressemblerait à un espace autonome, alors le vrai écoquartier à construire est à dimension mondiale, un écoquartier géant qui compterait aujourd'hui 7 milliards de personnes et demain 10 milliards.

---

141. Ils ne produisent pas suffisamment d'électricité pour répondre à leur propre consommation ; ils restent donc très nettement dépendants des autres moyens classiques de production d'électricité, à savoir, en Allemagne, principalement le charbon, le gaz, le nucléaire et le renouvelable.

Conclusion

Agir pour sauver l'humanité

Quand les blés sont sous la grêle
Fou qui fait le délicat
Fou qui songe à ses querelles

Louis Aragon (extrait de *La Diane française*)

Le réchauffement climatique reste, avec les pollutions globales (acidification des océans, accumulation de métaux lourds dans la biosphère), la pire menace qui pèse sur l'humanité. Il ne s'agit pas ici de faire du catastrophisme, c'est juste que nous sommes devant une réalité. Pour bien prendre conscience de l'étendue du désastre à venir, pensons que la dernière ère glaciaire – qui a vu jusqu'en Europe des glaciers de plusieurs kilomètres d'épaisseur, où les hommes préhistoriques chassaient le mammouth il y a 20 000 ans – correspond à un refroidissement global de la planète de seulement 5 °C par rapport à la période actuelle. Voilà qui donne une idée du bouleversement que nous subirions à entendre les projections du GIEC selon différents scénarios énergétiques et selon les politiques que nous mettrons (ou pas !) en œuvre avec des objectifs de + 2 °C, + 4 °C, + 5 °C, voire + 6 °C de réchauffement global d'ici la fin du siècle. Disons-le clairement, notre planète avec un climat radicalement plus chaud pourra difficilement nourrir la douzaine de milliards d'êtres humains qu'elle comptera en 2100, et ce en supposant qu'on puisse organiser dans de bonnes conditions la migration de milliards de personnes d'un continent à un autre.

Notre responsabilité est immense. Il est question dans beaucoup de communiqués d'expressions comme « sauver la planète » : cela ferait pourtant sourire quiconque ayant quelques connaissances sur la longue histoire de la Terre. En effet, ce n'est pas la première fois que notre planète subit un tel bouleversement, et la vie a toujours pu s'adapter. Mais cette fois-ci c'est notre espèce, notre civilisation, et non vraiment la planète en elle-même, qui sont menacées. Une humanité qui traversera des périodes terribles, de famines, d'instabilité et de guerres pour se partager le peu de ressources qu'il restera.

Pour éviter cela, le problème à résoudre est le suivant : comment répondre aux besoins d'une planète dont la population se stabilisera à 12 milliards d'humains en 2100 tout en limitant les rejets de CO_2 à un maximum de 15 milliards de tonnes par an, soit ce que la biosphère est capable d'absorber ? C'est un problème concret, et on doit le résoudre aujourd'hui, sans attendre une hypothétique découverte scientifique dans les prochaines décennies qui changerait la donne et permettrait d'utiliser des techniques autres que celles dont nous disposons actuellement. Il ne s'agit pas ici, insistons bien là-dessus, de débattre indéfiniment sur les avantages et inconvénients de telle ou telle technologie à bas carbone : il faut utiliser en urgence tout ce que nous avons sous la main pour éviter ce désastre, utiliser toutes les énergies qui émettent peu de gaz à effet de serre.

C'est maintenant qu'il faut engager les investissements nécessaires pour avoir des effets positifs réels dans les prochaines décennies. Or le système capitaliste – et ses critères de rentabilité à court terme, sa seule boussole, ne l'oublions pas – est incapable d'intégrer tous ces enjeux, avec les temps longs, les anticipations nécessaires et le volontarisme politique que cela suppose. En plus du défi technologique, nous devons donc aussi relever le défi politique et démocratique qui est de faire entendre ces exigences et cette urgence, et d'affronter les logiques aujourd'hui à l'œuvre de recherche de profits, les pouvoirs réels de la finance au service de 1 % de la population mondiale, des plus riches. Les résultats de la COP21 sont certes un premier pas, ils donnent des outils aux citoyens du monde entier pour se mobiliser et obliger les gouvernants à engager les politiques adéquates, à respecter des engagements, mais elle ne remet pas en cause les logiques dominantes. Il faudrait pourtant démocratiser tous les lieux de pouvoir : entreprises, banques, système financier, pour orienter ces outils dans l'intérêt général, dans le cadre d'une planification écologique mondiale.

La question des rapports de pouvoirs, de la démocratie, de l'implication politique du plus grand nombre, du rôle crucial des services publics est plus que jamais d'actualité, avec cette nouvelle donne qu'est la mise en danger global de notre civilisation humaine et de la biosphère dans laquelle elle se trouve.

Acket Claude et Vaillant Jacques, *Les Énergies renouvelables*, Éditions Technip, 2011.

ADEME, « Un mix électrique 100 % renouvelable ? Analyses et optimisations. Un travail d'exploration des limites du développement des énergies renouvelables dans le mix électrique métropolitain à un horizon 2050 », 2015.

AIE, « *Redrawing the energy-climate map. World Energy Outlook Special Report* », 2013.

Alleau Thierry, *L'Hydrogène, énergie du futur ?*, EDP Sciences, 2007.

Amic Étienne, Darmois Gilles et Favennec Jean-Pierre, *L'énergie, à quel prix ? Les Marchés de l'énergie*, Éditions Technip, 2006.

Barré Bertrand et Mérenne-Schoumaker Bernadette, *Atlas des énergies mondiales. Un développement équitable et propre est-il possible ?*, Autrement, 2011.

Beeker Étienne, Centre d'analyse stratégique, « La transition énergétique allemande est-elle soutenable ? », *in Les Notes d'analyse*, n° 281, septembre 2012.

Bellal Amar, « Nucléaire : quelques éléments et propositions pour le débat », *in Économie et Politique*, juillet-août 2011, p. 684-685.

Bertel Évelyne et Naudet Gilbert, *L'Économie de l'énergie nucléaire*, EDP Sciences, 2004.

Bey Pierre, Gérard Jean-Pierre et Schlumberger Martin, *Faut-il avoir peur de la radioactivité ?*, Odile Jacob, 2013.

Bichat Hervé et Mathi Paul, *La Biomasse, énergie d'avenir*, Éditions Quæ, 2013.

Bihouix Philippe et De Guillebon Benoît, *Quel futur pour les métaux ? Raréfaction des métaux : un nouveau défi pour la société*, EDP Sciences, 2010.

Bobin Jean-Louis, *Prospectives énergétiques à l'horizon 2100 : données, contraintes et scénarios*, EDP Sciences, 2013.

Boccara Frédéric, « Économie et écologie, pour une vraie alternative », *in La Pensée*, n° 365, janvier-février-mars 2011.

BOUCHARD Jacques, DEFFAIN Jean-Paul et GOUCHET Alain, *Introduction au génie atomique*, Presses de l'École des mines, 2007.

BRAMY Hervé, GONCALVES Valérie, BARRA Jean, CHESNEAU Évelyne, FOULQUIER Luc, SINDIC Paul, *Pour une transition énergétique réussie* (téléchargeable sur le site du PCF : http://energie.pcf.fr).

BRECHET Yves, « La disqualification de l'expertise : un risque grave pour la rationalité des décisions politiques », Académie des sciences, 2011.

BRONNER Gérald, *La Démocratie des crédules*, PUF, 2013.

CARPENTIER Alain, BAULIEU Étienne-Émile, BRÉZIN Édouard et Friedel, *L'Accident majeur de Fukushima. Considérations sismiques, nucléaires et médicales*, rapport du groupe de travail Solidarité Japon présidé par Alain Carpentier, EDP Sciences, 2012

CEA, « Memento sur l'énergie 2012 », CEA.

CHARLIONET Roland et FOULQUIER Luc, *L'Être humain et la Nature. Quelle écologie ? Manifeste pour un développement humain durable*, Éditions Fondation Gabriel Péri, 2013.

CHEVALIER Jean-Marie, *Les 100 Mots de l'énergie*, PUF, 2010.

– *Les Grandes Batailles de l'énergie. Petit Traité d'une économie violente*, Folio Actuel, 2004.

COMMISSARIAT GÉNÉRAL AU DÉVELOPPEMENT DURABLE, service de l'observation et des statistiques, *Bilan énergétique de la France pour 2014*, juillet 2015.

COUR DES COMPTES, « Les coûts de la filière électro nucléaire », rapport, 2012.

CRAWFORD C., « *Life cycle energy and greenhouse emissions analysis of wind turbines and the effect of size on energy yield* », *in Renewable and Sustainable Energy Reviews*, n° 113, 2009, p. 2653-2660.

DAB William, *Santé et environnement*, PUF, coll. « Que sais-je ? », 2007.

DAVID Olivier et FABRE Adeline, *Les Économies d'énergie dans l'habitat existant. Une opportunité si difficile à saisir ?*, Presses de l'École des mines de Paris, 2007.

DENHEZ Frédéric, *Atlas du changement climatique. Du global au local : changer les comportements*, Autrement, 2009.

DINH-AUDOIN Minh-Thu (dir.), *Chimie et enjeux énergétiques*, EDP Sciences, 2013.

DINH-AUDOUIN Minh-Thu, OLIVIER Danièle et RIGNY Paul (dir.), *Chimie et transports. Vers des transports décarbonés*, EDP Sciences, 2014.

DURAND Bernard, *Énergie et environnement : les risques et les enjeux d'une crise annoncée*, EDP Sciences, 2007.

– *La Crise pétrolière : analyse des mesures d'urgence*, EDP Sciences, 2009.

FINON Dominique, « Les conditions de l'investissement nucléaire en environnement de marché », *in La Revue de l'énergie*, n° 510, mai-juin 2006.

FLIPO Fabrice, SCHENEIDER François et BAYON Denis, *La Décroissance*, La Découverte, 2012.

FURFARI Samuele, *L'Écologie au pays des merveilles. Mirages et vérités du développement durable*, François Bourin éditeur, 2012.

GAXIE Louise et OBADIA Alain, *Nous avons le choix !* Éditions Fondation Gabriel Péri, 2013.

GAY Jean, *L'Énergie en questions*, Elzévir, 2013.

GIEC, Special repport of the IPCC « *Renewable energy sources and climate change mitigation summary for policymakers and technical summary* », 2011.

GIN Stéphane, *Les Déchets nucléaires. Quel avenir ?*, Dunod, 2006.

GRANDJEAN Alain et JANCOVICI Jean-Marc, *Le plein s'il vous plaît ! La solution au problème de l'énergie*, Seuil, coll. « Points Science », 2007.

HERMANS Jo, *L'Énergie sous toutes ses formes*, tome I : *Ses différentes sources* ; tome II : *Comment se transforme-t-elle ?*, EDP Sciences, 2014.

IACONA Estelle, TAINE Jean et TAMAIN Bernard, *Les Enjeux de l'énergie - Après Fukushima*, Dunod, 2012.

IEA, *CO_2 Emissions from Fuel Combustion Higlights*, 2015.

JANCOVICI Jean-Marc, *Transition énergétique pour tous. Ce que les politiques n'osent pas vous dire*, Odile Jacob, 2013.

JOUZEL Jean et DEBROISE Anne, *Le Défi climatique. Objectif : + 2 °C !*, Dunod, 2014.

KALADJIAN François et CORNOT-GANDOLPHE Sylvie, *La Nouvelle Donne du charbon*, Éditions Technip, 2008.

KANDEL Robert, *Le Réchauffement climatique*, PUF, coll. « Que sais-je ? », 2010.

KARAM Andrew, « *The natural nuclear reactor at Oklo : comparison with modern nuclear reactors* », 2005 (http://www.physics.isu.edu/radinf/Files/Okloreactor.pdf).

LATOUCHE Serge, *L'Âge des limites*, Fayard-Mille et une nuits, 2012.

LEGAULT Albert, *Pétrole, gaz et les autres énergies*, Éditions Technip, 2007.

LE PUILL Gérard, *L'écologie peut encore sauver l'économie. Paris climat 2015*, Éditions Pascal Galodé, 2015.

MATHIEU Yves, *Le Dernier Siècle du pétrole ? La vérité sur les réserves mondiales*, Éditions Technip, 2010.

MÉRENNE-SCHOUMAKER Bernadette et LEVASSEUR Claire, *Atlas des matières premières. Des Ressources stratégiques*, Autrement, 2013.

MEUNIER Francis, *Les Énergies renouvelables*, Le Cavalier Bleu, 2010.

MINISTÈRE DE L'ÉNERGIE, « Coût de référence de la production d'électricité », rapport de synthèse, 2008.

NGÔ Christian et RÉGENT Alain, *Déchets, effluents et pollution : impact sur l'environnement et la santé*, Dunod, 3e éd. 2012.

NIFENECKER Hervé, *Le nucléaire : un choix raisonnable ?*, EDP Sciences, 2011.

ODRU Pierre, *Le Stockage de l'énergie*, Dunod, 2013.

POITOU Jean, BRACONNOT Pascale et MASSON-DELMOTTE Valérie, *Le Climat : la Terre et les Hommes*, EDP Sciences, 2015.

PEUPORTIER Bruno, *Éco-conception des bâtiments et des quartiers*, Presses de l'École des mines, 2008.

Pour la science, dossier « Énergies à volonté », n° 69, octobre-décembre 2010.

Prévot Henri, *Avec le nucléaire : un choix réfléchi et responsable*, Seuil, 2012.

Progressistes, dossier « *Économie circulaire* », n° 6, octobre-novembre-décembre 2014 (http://revue-progressistes.org).

Rabl Ari et Spadaro Joseph V., *Électricité, Santé, Environnement*, 2000 (http://sfp.in2p3.fr/Debat/debat_energie/websfp/CoutsExternesElectricite.htm).

– « Les coûts externes de l'électricité », *La Revue de l'énergie*, n° 525, mars-avril 2001, p.151-163.

Ramade François, *Éléments d'écologie. Écologie appliquée*, Dunod, 2012.

Reuss Paul, *L'Énergie nucléaire*, PUF, coll. « Que sais-je ? », 2012.

Ricol Lasteyrie Corporate Finance et NucAdvisor, « Audit sur les modalités d'évaluation des charges brutes permettant le calcul des provisions de déconstruction des réacteurs d'EDF en cours d'exploitation », 4 août 2015, audit commandé par EDF.

Rifkin Jeremy, *La Troisième Révolution industrielle*, Les Liens qui libèrent, 2012.

Roby François, *Vers la voiture sans pétrole ?*, EDP Sciences, 2006.

Safa Henri, *Quelle transition énergétique ?*, EDP Sciences, 2013.

Sarrade Stéphane, *La Chimie d'une planète durable*, Le Pommier, 2011.

Sauvons le climat (association), « Scénario Negatep », http://sauvonsleclimat.org

– *Éléments pour une politique raisonnée de l'énergie*, Sauvons le climat éditeur, 2014.

Société française de physique, *La Situation énergétique en 2015. Choix politiques et conséquences*, EDP Sciences, 2015.

Souami Taoufik, *Écoquartiers, secrets de fabrication. Analyse critique d'exemples européens*, Éditions des Carnets de l'info, 2009.

Stewart Brand, *Discipline pour la planète Terre. Vers une écologie des solutions*, Tristam, 2014.

TERTRAIS Bruno et NICOLAS Alexandre, *Atlas mondial du nucléaire civil et militaire*, Autrement, 2011.

TUBIANA Maurice, *Énergie et santé : Les filières au banc d'essai* (téléchargeable sur http://www.academie-medecine.fr).

UNITED NATION SCIENTIFIC COMMITTEE ON THE EFFECTS OF ATOMIC RADIATION, « *On the levels and effects of radiation exposure due to the nuclear accident following the great east-Japan earthquake and tsunami* », *in White Paper to Guide the Scientific Committee's Future Programme of Work*, 2015.

VERNIER Jacques, *L'Environnement*, PUF, 2011.

VÉRON Jacques, *Démographie et Écologie*, La Découverte, 2013.

VEYRET Yvette et LAGANIER Richard, *Atlas des risques en France. Prévenir les catastrophes naturelles et technologiques*, Autrement, 2013.

WIESENFELD Bernard, *L'Énergie en 2050 : nouveaux défis et faux espoirs*, EDP Sciences, 2006.

– *Promesses et réalités des énergies renouvelables*, EDP Sciences, 2013.